滚滚长江洞穿夔门巫峡

三峡之巅彩云间

见证数百万年前古长江贯通一气的自然之力

川东平行岭谷代言地侏罗山式褶皱

撑起了山城重庆坚毅的脊梁

地质构造是什么

似一张张描绘大自然鬼斧神工的连环画

又像是一部部记录地球历史的教科书

让我们走进地质构造的世界

去踏寻地壳运动带来的别样风景

去领略地质岁月留下的无尽想象……

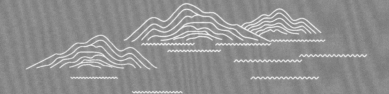

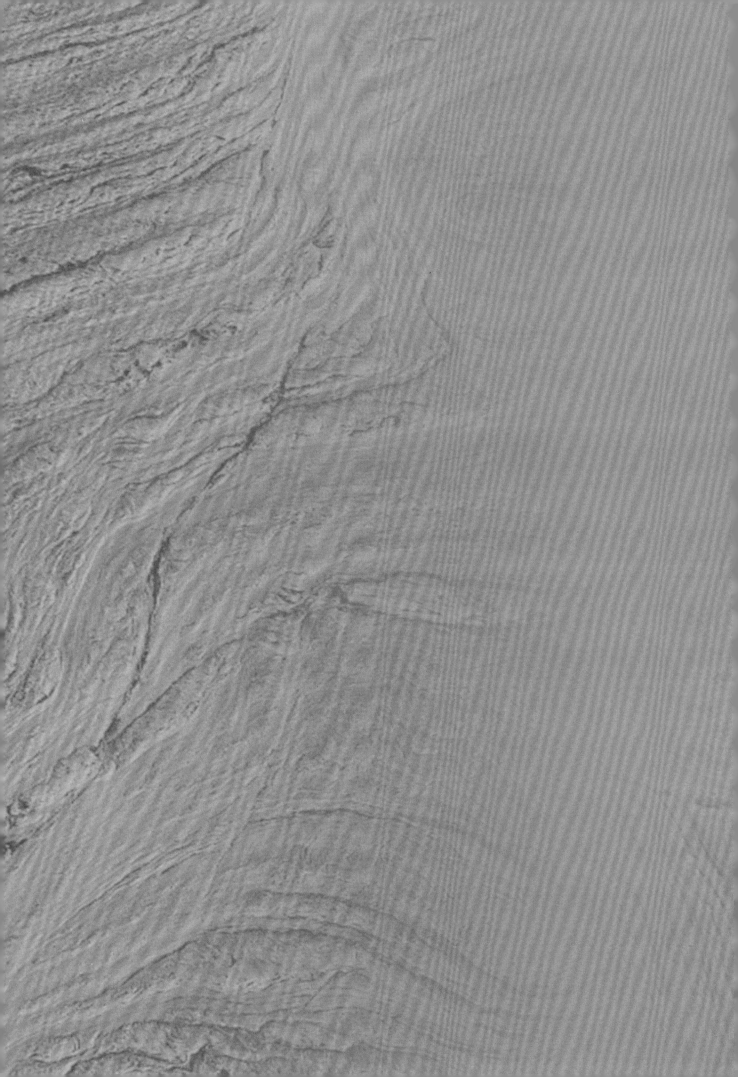

来自地质岁月的印记

经典地质构造
科普图集

栾进华　李良林　张瑞刚　著

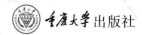
重庆大学出版社

图书在版编目（CIP）数据

来自地质岁月的印记 : 重庆经典地质构造科普图集 /
栾进华 , 李良林 , 张瑞刚著 . -- 重庆 : 重庆大学出版
社 , 2023.8
  ISBN 978-7-5689-4168-6

  Ⅰ . ①来⋯ Ⅱ . ①栾⋯ ②李⋯ ③张⋯ Ⅲ . ①地质构
造 — 重庆 — 图集 Ⅳ . ① P548.271.9-64

  中国国家版本馆 CIP 数据核字 (2023) 第 180201 号

来自地质岁月的印记——重庆经典地质构造科普图集

LAIZI DIZHI SUIYUE DE YINJI —— CHONGQING JINGDIAN DIZHI GOUZAO KEPU TUJI

栾进华　李良林　张瑞刚　著

★

策划编辑：张慧梓　杨粮菊
责任编辑：杨育彪　　书籍设计：图文方嘉
责任校对：谢　芳　　责任印制：张　策

★

重庆大学出版社出版发行
出版人：陈晓阳
社址：重庆市沙坪坝区大学城西路 21 号
邮编：401331
电话：（023）88617190　88617185（中小学）
传真：（023）88617186　88617166
网址：http //www.cqup.com.cn
邮箱：fxk@cqup.com.cn（营销中心）
全国新华书店经销
天津图文方嘉印刷有限公司印刷

★

开本：889mm×1194mm　1/16　印张：9　字数：110 千
2023 年 8 月第 1 版　　2023 年 8 月第 1 次印刷
ISBN 978-7-5689-4168-6　　定价：88.00 元

主 编

栾进华　李良林　张瑞刚

编 委

陈　阳　谢洪斌　崔志伟　李伦炯　董　毅

吴国代　张丽红　蒙　丽　陈凤英　陈　敏

方李涛　郑绪忠　黄小军　刘　振　程　军

序　言

　　地质构造是一套记录地壳演化的史前志书，记录了地壳发展、演化的一系列事件，是我们了解地史变迁的窗口。节理、断层、褶皱和原生沉积构造等丰富的地质构造现象是地球百万年甚至数亿年以来地质演化的产物，属于宝贵的不可再生自然资源。重庆地区沉积岩分布广泛，出露的地层较齐全，从古老的元古代板溪群到最新的第四系均有分布。重庆地区地质构造演化划分为四个阶段：中 - 新元古代基底形成阶段、南华纪 - 中三叠世洋陆转换阶段、晚三叠世 - 早白垩世陆内盆山构造阶段、晚白垩世 - 第四纪陆内块体隆升阶段。与之对应的是7 个构造旋回，从早至晚为：晋宁旋回、扬子旋回、加里东旋回、华力西旋回、印支旋回、燕山旋回、喜马拉雅旋回。不同时期大地构造背景及其构造事件导致重庆地区发育了众多形态各异、品相别致的地质构造形迹，这些丰富的地质构造现象为本册经典地质构造科普图集提供了丰富的素材。

　　近年来，重庆市地质工作得到了迅速发展，目前已完成 1∶5 万区域地质调查全覆盖。在地质工作过程中，所观察并记录的许多经典地质构造现象，是本次经典地质构造科普图集编制的基础。长期以来，这些经典地质构造现象部分在区域地质调查报告中以图版形式出现，不方便社会公众查阅和观看；同时，这些相关的地质成果普遍具有较强的理论性和专业性，读者主要局限于专业背景较强的地质勘探单位和专业技术人员，以致这些经典的地质现象"养在深闺人未识"，不利于地球科学文化知识在公众中普及与推广。

　　"十三五"至"十四五"期间，国家大力倡导科普教育事业，在全社会大力普及科学知识、弘扬科学精神，提高全民科学素养。2018 年，中国地质调查局发布《中国地质调查局科学技术普及规划 (2017—2020 年)》，成为我国首个地学科普规划；2021 年，中国科协办公厅关于印发《中国科协 2021 年科普工作要点》的通知，为大力推动《全民科学素质行动规划纲要（2021—2035 年）》的颁布实施，深化落实《乡村振兴农民科学素质提升行动实施方案（2019—

2022 年）》做好舆论宣传导向。在此背景下，重庆市开启了经典地质构造科普图集的编制工作。该项工作是对重庆市多年来地质成果，特别是野外地质构造调查成果的集中展示，可以作为重庆市野外地质构造实践教学图像的辅导教材，有助于地质人员进一步加强理论和实践的结合，也可为科学研究提供有益的参考，更是对重庆经典地质构造现象进行科学普及和保护的重要体现。本书的出版有助于倡导广大读者从地质的角度了解自己所处的地质构造环境，提高市民对自己所在区（县）的归属感和荣誉感，增强市民保护自然资源意识，提高全民地质科学文化素养，有利于地质工作的协调可持续发展，具有特别重要的科学意义和现实意义。

本书由三部分组成。第一篇"什么是地质构造"简要介绍了地质构造的定义、地质构造的尺度以及本书中地质构造所包含的类型。第二篇"重庆市地质构造演化史"以地质发展历史为主线，解读了地质历史时期，重庆市经历的构造运动和主要构造事件。第三篇"重庆市经典地质构造"依次从地层接触关系、次生构造和原生构造三个主线对重庆市经典地质构造现象进行了科普展示和科普简介，是对重庆市域内已发现的经典地质构造现象的集中展示。

本书由栾进华、李良林、张瑞刚编写，在编写过程中得到了重庆市规划和自然资源局与重庆地质矿产研究院的大力支持。书中的相关图片主要来源于重庆市区域地质调查报告、重庆市地质简史科普读本、重庆市生态旅游地质资源调查等成果，部分图片已在视觉中国网购买版权，部分图片为作者绘制或实拍。本书在编写过程中，李伦炯、李核良、熊璨、甘夏、任世聪、张雄、李英鸿、杨洪永、陈飞等人提供了部分经典地质构造图片；李伦炯、陈高武、魏光彪、姚光华、唐将、谢显明、陈伟等相关领导、专家和个人提出了宝贵建议与技术指导，在此一并表示感谢。

地质构造的研究与科学普及是一项集探索性、科学性、实用性和文化性为一体的工作，所涉及的相关科学理论较为复杂，知识点覆盖面极为广泛，本书中关于经典构造的分类、形态学解剖、成因学分析等科学内涵仍是需要继续探索和完善的课题，加之编者水平有限，书中难免存在诸多不妥和谬误之处，敬请读者见谅和指正。

著 者

2023 年 5 月

前　言

　　重庆地处我国西南，长江上游，北起大巴山腹地，秦岭至大巴山一带是我国南北自然分界线；东抵巫山、雪峰山，毗邻长江中下游平原，处于中国二三级地形台阶的过渡地带；南至大娄山，为四川盆地与云贵高原界线；西部丘陵地区与川西平原相邻。重庆市总面积 8.24 万平方千米，地貌形态以山地和丘陵为主，其中山地面积约占 76 %，地势北东及南东高，中西部低。华蓥山以西主要是低山丘陵；华蓥山和七曜山之间为独具特色的平行岭谷区，是世界著名的三大侏罗山式褶皱山系之一；七曜山以东主要是岩溶谷地和中低山岩溶地貌。重庆市内水系发育，主要为长江水系。长江自西南江津入境，蜿蜒 686 千米，穿山越岭，浩浩荡荡，往东至巫山出境。

　　重庆地区地层发育齐全，出露地层主要为沉积岩，占市域面积 95% 左右，以灰岩与白云岩等碳酸盐岩、砂岩和泥岩等碎屑岩为主。境内出露最老地层为新元古界青白口系板溪群，分布于渝东南秀山县、酉阳县境内。变质岩分布面积小且变质程度较浅，仅分布于渝东北城口地区和渝东南酉阳、秀山地区。岩浆岩规模小，分布零星，仅分布于城巴断裂带以北地区，主要呈中基性岩脉、岩床顺层侵位及火山碎屑岩产出。

　　重庆地理位置位于四川盆地东部，大地构造位置大部分归属扬子陆块，仅东北部划入南秦岭 - 大别山新元古代 - 古生代造山带。重庆地区地壳基底的形成最早可以追溯到 25 亿年前的元古宙，在南华纪之前，基本处于火山喷发的强烈活动区向较为稳定的海洋和陆壳环境转变的基底形成阶段。自南华纪开始至中三叠世，重庆地区处于相对稳定的洋陆板块发展阶段，以海相的碳酸盐和碎屑岩沉积为主。中三叠世末，印支运动使重庆地区海域完全消失，渝东南和渝东北上升为陆地，接受风化剥蚀；渝西和渝中地区成为内陆湖盆，沉积了厚达数千米的紫红色砂岩和泥岩等陆源碎屑岩。早晚白垩世之间，燕山运动使四川盆地东部出现一系列北东向的褶皱和断裂，逐渐形成侏罗山式褶皱及断裂组合，并伴随有各类热液矿化活动。晚白垩世末期，喜马拉雅运动使重庆地区进入陆内隆升活动阶段，青藏高原大规模隆升，四川盆地及周缘山地基本形成；同时，长江切穿巫山，滚滚东流，完成了统一的长江水系；在构造运动、风化剥蚀、岩溶淋滤及河流切割等的联合作用下，各种地势地貌逐渐呈现，重庆地质演化和现代地质构造格局发育基本完成。

目　录

一、什么是地质构造 ·· 003

二、重庆市地质构造演化史 ·· 011

（一）重庆大地构造位置 ·· 012

（二）重庆构造演化历史 ·· 014

三、重庆市经典地质构造 ·· 029

（一）地层接触关系（Contact Relationship of Strata）·············· 030

整合接触（Conformable Contact）······················· 030

平行不整合接触（Disconformity Contact）··············· 031

角度不整合接触（Angular Unconformity Contact）········ 034

侵入接触（Intrusive Contact）··························· 036

（二）次生构造（Secondary Structure）······················· 038

1. 褶皱构造（Pleated Structure）························ 038

2. 断裂构造（Faulted Structure）······················· 071

（1）节理（Joint）···································· 071

张节理（Tension Joint）························· 074

剪节理（Shear Joint）·························· 076

（2）劈理（Cleavage）································ 078

流劈理（Flow Cleavage）······················· 079

破劈理（Fracture Cleavage）··················· 080

滑劈理（Slip Cleavage）······················· 080

（3）面理（Foliation）································ 081

压溶面理（Pressure Solution Foliation）········ 081

（4）线理（B-fabric）································ 082

窗棱构造 (Mullion Structure) ·· 082

（5）断层（Fault） ·· 083

正断层（Normal Fault） ··· 084

逆断层（Reverse Fault） ·· 086

断层破碎带（Fault Crushed Zone） ·································· 088

阶步和擦痕（Step and Brush Abrasion） ····························· 089

（三）原生构造（Primary Structure） ···································· 092

1. 层理构造（Bedding Structure） ····································· 092

水平层理 (Horizontal Bedding) ·· 092

平行层理 (Parallel Bedding) ·· 094

斜层理 (Oblique Bedding) ·· 096

交错层理 (Cross Bedding) ·· 097

波状层理 (Wavy Bedding) ·· 100

脉状层理 (Flaser Bedding) ·· 100

韵律层理 (Rhythmic Bedding) ··· 101

粒序层理 (Graded Bedding) ·· 104

2. 层面构造（Bedding-Plane Structure） ······························· 105

波痕构造 (Ripple Mark Structure) ····································· 106

泥裂构造 (Mudcrack Structure) ······································· 107

槽模构造 (Flute Cast Structure) ······································ 108

龟裂纹构造（Chapped Structure） ···································· 110

泥质条带构造 (Argillaceous Zebra Structure) ························ 112

瘤状构造 (Nodular Structure) ·· 113

鲕状构造 (Oolitic Structure) ·· 114

刀砍纹构造 (Chop Profile Structure) ·································· 115

3. 同生变形构造（Contemporaneous Deformation Structure） ⋯⋯⋯⋯ 116

　　包卷层理 (Convolute Bedding) ⋯⋯⋯⋯⋯⋯⋯⋯⋯⋯⋯⋯⋯⋯ 116

　　重荷模构造 (Load Cast Structure) ⋯⋯⋯⋯⋯⋯⋯⋯⋯⋯⋯⋯ 117

　　滑塌构造（Slump Structure） ⋯⋯⋯⋯⋯⋯⋯⋯⋯⋯⋯⋯⋯⋯ 118

4. 生物成因构造（Biogenic Sedimentary Structure） ⋯⋯⋯⋯⋯⋯ 119

　　爬行痕迹（Crawling Trace） ⋯⋯⋯⋯⋯⋯⋯⋯⋯⋯⋯⋯⋯⋯ 119

　　虫管构造（Tube Structure） ⋯⋯⋯⋯⋯⋯⋯⋯⋯⋯⋯⋯⋯⋯ 120

　　叠层石构造（Stromatolitic Structure） ⋯⋯⋯⋯⋯⋯⋯⋯⋯⋯ 121

　　生物遗迹构造（Bioglyph Structure） ⋯⋯⋯⋯⋯⋯⋯⋯⋯⋯⋯ 122

5. 化学成因构造（Chemical Sedimentary Structure） ⋯⋯⋯⋯⋯⋯ 127

　　结核 (Nodule Concretion) ⋯⋯⋯⋯⋯⋯⋯⋯⋯⋯⋯⋯⋯⋯⋯ 127

　　缝合线构造（Stylolite Structure） ⋯⋯⋯⋯⋯⋯⋯⋯⋯⋯⋯ 128

　　鸟眼构造（Bird Eye Structure） ⋯⋯⋯⋯⋯⋯⋯⋯⋯⋯⋯⋯ 129

参考文献 ⋯⋯⋯⋯⋯⋯⋯⋯⋯⋯⋯⋯⋯⋯⋯⋯⋯⋯⋯⋯⋯⋯⋯⋯ 130

来自地质岁月的印记

经典地质构造

科普图集

重庆

地质体本身的物质组成并不是地质构造，但地质构造却是依靠地质体的内部物质表现出来的。因此，本书介绍的地质构造包括褶皱、断层等次生构造以及岩石的原生构造、地层接触关系。

什么是地质构造

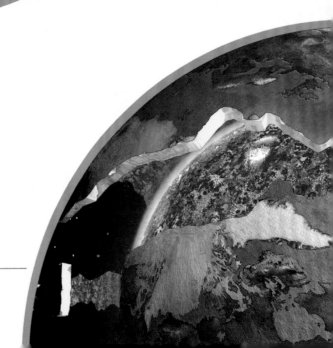

　地质构造 (Geological Structure) 是指在地球的内、外动力地质作用下，岩层或岩体发生变形或位移而遗留下来的形态。地质构造是组成地壳的岩石或地质体的形态、产状及其相互结合的方式，是地壳运动形成的"足迹"，也是地质岁月留下的"印记"。

▷ **经典地质构造——三峡之巅**

第五套 10 元人民币背景图，西起重庆奉节县白帝城，东至重庆巫山县大溪镇，位于七曜山背斜轴部，属于典型的背斜褶曲。三峡之巅形成于燕山构造旋回，定型于喜马拉雅构造运动。

地质构造按照与岩石形成时间的关系可分为原生构造和次生构造两大类。

岩石在成岩过程中产生的构造，称为原生构造，如沉积岩的层理构造（如水平层理、平行层理、斜层理等），层面构造（如波痕、泥裂、雨痕、印模等）；层内和穿层构造（如粒序层理、交错层理、同沉积褶皱、同沉积断层等）；岩浆岩的原生构造（如流动构造、原生节理等）。原生构造一般是用来判断岩石有无变形及变形方式的基准。

∨ 经典地质构造——斜层理

位于重庆市渝中区大礼堂酒店，发育于侏罗系沙溪庙组紫红色砂岩，斜层理是沉积岩典型的原生构造之一。

岩石形成以后在地壳内应力作用下发生变形而形成的构造，称为次生构造，如褶皱、断层、韧性剪切带、节理、劈理和线理等。次生构造是构造地质学领域的主要研究对象。

∧ 经典地质构造——五色山

位于四川省阿坝藏族羌族自治州小金县四姑娘山镇境内，由变质砂岩、板岩及蚀变玄武岩组成，呈现出灰白、灰黄、浅绿、紫红、灰黑五色半圆弧，属于向斜构造发育形成的褶皱山。

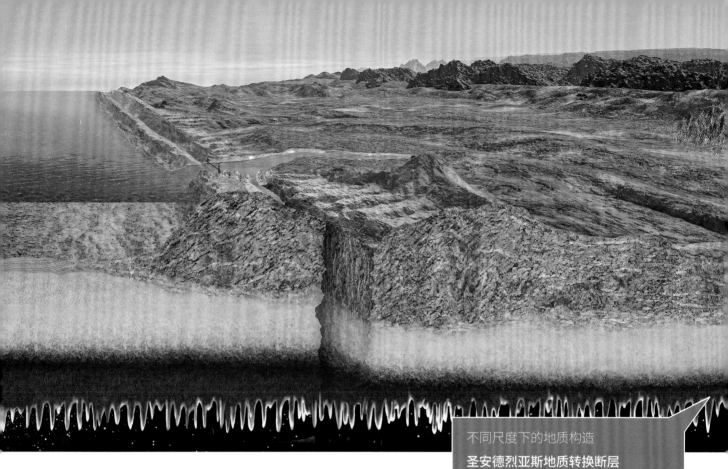

　　地质构造的规模大到上千千米，需要通过
地质与地球物理资料的综合分析和遥感影像资
料的解译才能识别，如岩石圈板块构造；小到
以毫米甚至微米计，需要借助光学显微镜或电
子显微镜才能观察到，如矿物晶粒的变形、晶
格位错等。

不同尺度下的地质构造

玄武岩中的柱状节理

位于北爱尔兰安特里姆郡堤道海
岸，是岩浆喷溢出地表流动静止
后表面快速冷却形成，其形态与
岩石中矿物形态和岩石节理性质
有关，视域范围约 1 千米。

不同尺度下的地质构造

变质岩薄片中的显微韧性剪切带

变质岩薄片来源于中国秦岭造山带，是由造山带内
强烈的变质作用造成的岩石和矿物具塑性流动变形
构造，视域范围约 5 微米。

前言中已简要介绍了重庆地区的基本地质面貌
和地质演化历史。

现在让我们再次穿越时间的长河，从地质演化
史的角度，去探究重庆地区独特的地质构造和
壮丽的山水地貌是如何形成的。

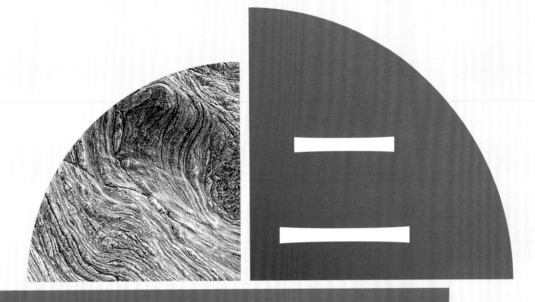

二

重庆市地质构造
演化史

（一）重庆大地构造位置

　　重庆位于扬子陆块的西北部，处于较为稳定的大地构造单元。

　　根据全球构造的观点和板块学说理论，重庆大地构造位置属于羌塘 - 扬子 - 华南板块（一级构造单元）中的扬子陆块（二级构造单元）和南秦岭 - 大别山新元古代 - 古生代造山带（二级构造单元）。如中国大地构造简图所示。

▲ 中国大地构造简图 [渝 S(2018)039 号]

　　根据二级构造单元中的相对稳定区及不同历史时期活动区，重庆市域内又将二级构造单位划分为 5 个三级构造单元和 12 个四级构造单元。如重庆市大地构造分区图所示。

△ 重庆市大地构造分区图 [渝测图核 (2023)085 号]

（二）重庆构造演化历史

在地质研究中，我们通常用万年、百万年甚至亿年为时间单位来划分地质历史的各个阶段。从地球诞生之日至今，地球先后经历了冥古宙、太古宙、元古宙和显生宙四个阶段。

宙	代	年代（距今）（百万年）
显生宙	新生代	66～至今
	中生代	252～66
	古生代	541～252
元古宙	元古代	2500～541
太古宙	太古代	4000～2500
冥古宙		4600～4000

▲ 地质历史简表

我们的地球形成于约 46 亿年前，46 亿年至 25 亿年间属于地球的早期演化阶段。25 亿年前进入元古代，重庆地区地壳基底开始逐渐形成。从元古代至今，在长达 25 亿年的地质演化历史中，发生了多期次的构造运动，形成了纷繁多姿的地质构造景观。

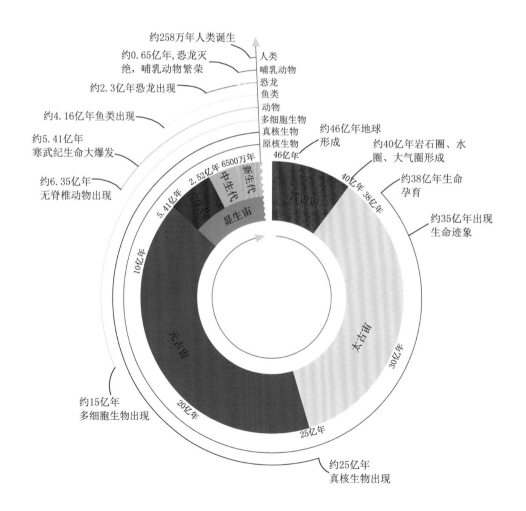

▲ 地质历史生命演化历程

在地质构造演化中，和缓的地壳运动和剧烈的地壳运动总是交替出现，地质学上经常用构造旋回来表示从和缓地壳运动到剧烈地壳运动的一个演化过程。一次大的构造旋回可能要经历上亿年，甚至更久。

重庆地区按构造演化历史可划分以下四个阶段或者四次构造旋回，即中元古代 - 新元古代青白口纪阶段（晋宁旋回）、南华纪 - 中三叠世阶段（扬子 - 加里东 - 华力西 - 印支旋回）、晚三叠世 - 早白垩世阶段（燕山旋回）及晚白垩世 - 第四纪阶段（喜马拉雅旋回）。

在四次构造旋回中，重庆及周边地区经历了多期次的构造运动，其中最重要的构造运动包括吕梁运动、晋宁运动、兴凯运动、加里东运动、华力西运动、印支运动、燕山运动、喜马拉雅运动。

地史演化顺序	地质时代			地质年龄	构造演化			主要地质大事件
	宙	代	纪	距今百万年	构造阶段	构造旋回	构造运动	
↑	显生宙	新生代	第四纪		陆内改造阶段	喜马拉雅旋回		重庆现代地貌基本定型：受青藏高原隆升影响，重庆地区以差异性隆升为主，陆内坳陷盆地形成，大山大河等自然景观逐渐形成
				2.58				
			新近纪				喜山运动 II	重庆现代地形地貌形成时期：喜马拉雅山碰撞，大规模剥蚀隆升，中西部盆岭地貌和东南部喀斯特山地地貌显现
				23.3				
			古近纪					
				65			喜山运动 I	
		中生代	白垩纪		陆洋板块碰撞拼合转化阶段	燕山旋回	燕山运动	地壳再次上升盆地内形成内陆湖：地壳上升，海水退却，接受河湖相沉积。受东部太平洋板块剧烈活动影响，重庆地区受到强有力挤压，形成一系列褶皱、断裂构造
				145				
			侏罗纪					
				201				
			三叠纪			印支旋回	印支运动	地壳下沉，重庆大部分地区逐渐被海水淹没，海陆交替环境孕育了重庆地区煤炭、铝土矿等矿产资源
				252			华力西运动	
	古生代	晚古生代	二叠纪		陆洋板块活动明显阶段	华力西旋回		
				299				
			石炭纪					海水逐渐退去，重庆地区上升为陆地，接受风化剥蚀
				359			加里东运动	
			泥盆纪					
				416				
		早古生代	志留纪			加里东旋回		
				443				重庆地区是一片汪洋大海，沉积海相地层
			奥陶纪					
				485				
			寒武纪					
				541				
	元古宙	新元古代	震旦纪		褶皱基线形成阶段	扬子旋回	晋宁运动	全球范围的"雪球事件"沉积冰盖型的冰碛泥砾岩
				635				
			南华纪					重庆地区最古老的地层板溪群形成
				780				
			青白口纪					分散的古陆核逐渐聚合，区域低温动力变质作用，逐渐形成重庆地区褶皱基底
				1000		晋宁旋回		
		中元古代	蓟县纪					
				1400				
			长城纪					
				1600			吕梁运动	
		古元古代				吕梁旋回		
				2500				
	太古宙	太古代	新太古代					原始地壳逐渐形成，原始海洋逐渐显现
				2800				
			中太古代					
				3200				
			古太古代					天体碰撞大幅减少，地球表面慢慢冷却
				3600				
			始太古代					
				4000				
	冥古宙							剧烈的碰撞使地球成为无边无际的岩浆海
				4600				

注：本表以 2018 年国际地质年代表为原型，表中仅表示了对重庆地区影响较大的构造运动和地质大事件

⋀ 重庆市地质构造演化进程表

重庆地区地壳基底的形成最早可以追溯到 25 亿年前的元古宙。25 亿～ 18 亿年，我国及周边地区发生了一次大规模的构造运动——吕梁运动，重庆地区原始地块雏形开始显现。

18 亿～ 7.8 亿年，是重庆地区褶皱基底的形成期。这一时期，原始的陆块不断发生强烈的碰撞、裂解、拼接，经过一些列复杂的沉积作用、火山作用、变质作用及褶皱造山作用，重庆所在的区域地质构造演化特征逐渐从具有剧烈的火山喷发的强烈活动区向较为稳定的海洋和陆壳环境转变。

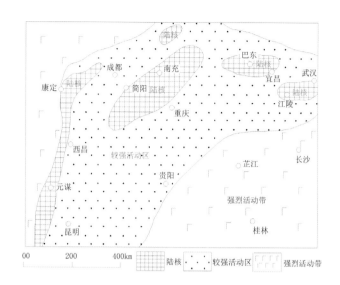

∧ 重庆及周边所在的扬子陆块古地理环境略图
（距今 18 亿～7.8 亿年）

在距今 8 亿年前左右，发生了一次大的构造运动——晋宁运动。这次运动使分散的陆块进一步扩大固化，区域变质作用由强变弱，重庆地区形成了由浅变质岩为主要岩性且相对稳定的褶皱基底。

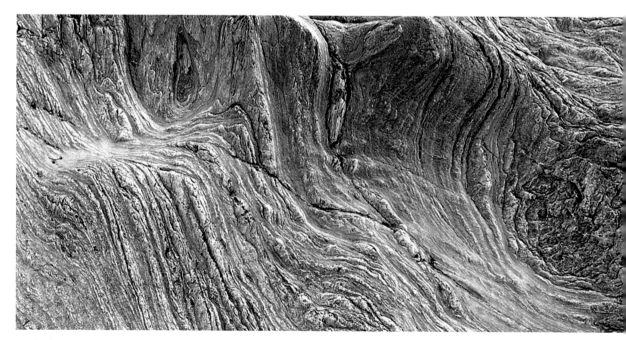

∧ 构成重庆地区褶皱基底的浅变质岩岩石特征
（根据岩性特征推测，重庆地区褶皱基底未出露）

8.2亿～7.8亿年前，重庆最古老的地层板溪群开始形成，并随着后期的构造运动抬升至地表，出露于现今秀山县溶溪至酉阳县楠木乡等地。

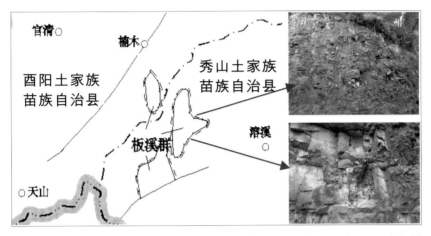

∧ 板溪群出露区域及岩性特征，产于酉阳县楠木乡，形成于8.2亿～7.8亿年前
（右上为浅变质杂色砂岩，右下为浅紫色凝灰质粉砂岩）

7.8亿～6.35亿年前的南华纪，这一时期地壳仍持续上升、气候变冷、温度骤降，爆发了全球性的冰川事件。地球多地被大陆冰川覆盖，重庆地区也沉积了冰盖型的冰碛泥砾岩。此后多次的构造运动最终让这类沉积了7亿年的冰碛泥砾岩在现今酉阳县楠木乡和秀山县溶溪镇一带得以"重见天日"。

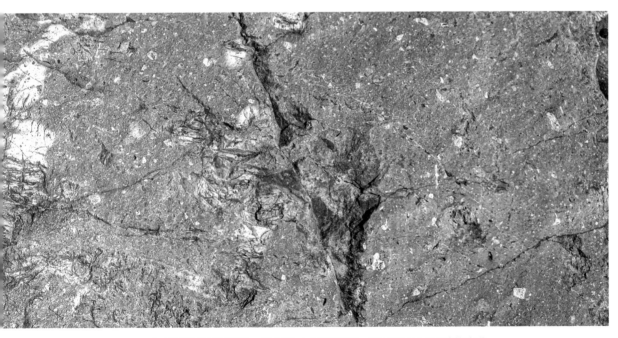

∧ 南华纪冰碛泥砾，产于秀山县溶溪镇，形成于7亿年前的南华纪时期，在后期的构造运动中抬升至地表

∧ 寒武纪时期重庆地区海洋环境模式图

    6.35 亿～ 4.2 亿年前，重庆地区主要为海洋环境。这期间发生了著名的寒武纪生命大爆发，生物种类急剧增加，形成了古生代海洋生物群落。重庆地区广泛发育的的三叶虫、角石、笔石、腕足等古生物化石均是这一时期生命活动的见证。这一时期重庆地区沉积以碳酸盐岩和碎屑岩为主的海相地层。

大约 4.2 亿年前，受加里东运动后半程影响，重庆地区地壳逐渐抬升成为古陆，沉积中断，并接受风化剥蚀。这一期间，重庆地区以升降运动为主，在泥盆纪与石炭纪时期（4.19 亿～ 2.99 亿年），仅渝东南地区由于地壳下降，接受局限海相沉积，其余大部分地区为风化剥蚀区。重庆地区普遍存在的二叠系梁山组和泥盆系水车坪组之间的平行不整合地层接触关系，很好地印证了这一时期地质历史时期的地壳运动变化情况。一直到 2.7 亿年前左右，重庆地区又经历了新一轮造山运动——华力西运动（又称海西运动）。这次运动使其他分散的地块重新聚合，形成亚欧大陆的雏形。在中国，著名的秦岭—昆仑褶皱带、长白—兴安褶皱带、祁连山、天山等大型山脉也在这一时期的构造运动中形成雏形。

▲ 二叠系梁山组铝土矿层和泥盆系水车坪组灰岩之间平行不整合接触界面，缺失石炭纪时期沉积记录，摄于黔江区中塘镇双石村。

　　从 2.70 亿年前的二叠纪中期开始，重庆地区开始下沉，海水再次大规模进泛，大部分地区均被海水淹没，发生范围更大的第二次海侵，这一时期沉积了近海湖沼环境的碎屑岩和局限海环境的碳酸盐岩。

　　2.52 亿年前的二叠纪和三叠纪之交，地史时期发生了最大规模的生物大灭绝，在短短 50 万年内，地球上 96% 的物种灭绝，整个海洋、陆地的生命迹象基本消失，包括曾经长期统治海洋的三叶虫也退出了历史舞台。学术界普遍认为，这次大灭绝事件可能与天体碰撞事件、超级火山爆发或是海平面骤变引发的甲烷水合物大量释放有关。直到 3000 万年后的三叠纪中晚期，地表生态系统才逐渐恢复到正常状态。

▼ 二叠纪末－三叠纪初重庆地区陆表环境假想图

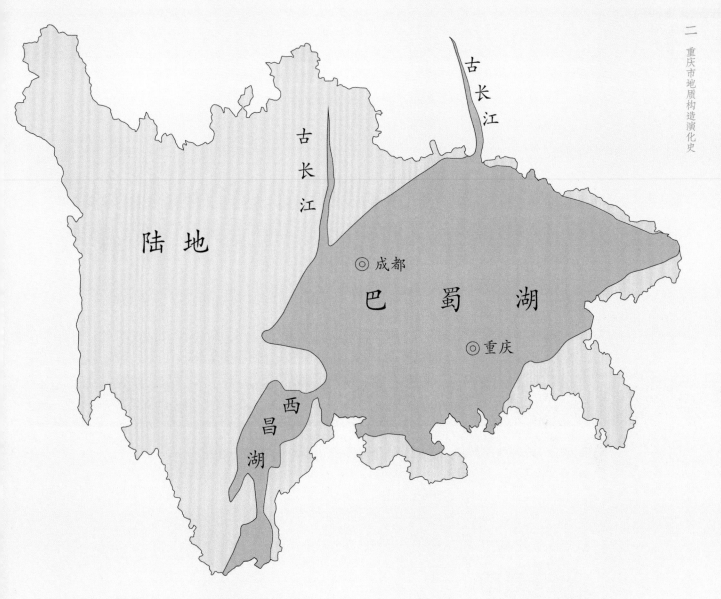

古长江

古长江

陆地

巴 蜀 湖

◎成都

◎重庆

西昌湖

▲ 重庆地区及周边所在的巴蜀湖古地理复原图（距今 2.01 亿～ 1.45 亿年）

　　2.05 亿年前，在印支运动的影响下，大规模海退发生。四川盆地边缘逐渐隆起成山，重庆地区所在的水域最终与外海失去联系，盆地内形成内陆湖，结束了海相沉积历史，开始进入陆相湖盆相沉积阶段。该内陆湖位于今天四川省的广大地区和重庆市中西部地区，地质学家称其为"巴蜀湖"。

　　2.01 亿～ 1.45 亿年前的侏罗纪，重庆地区为内陆盆地环境，先后经历从深湖、浅湖到河流、洪泛盆地等环境。这段过程中，大量风化、侵蚀、剥蚀的物质在盆地堆积了数千米厚，形成红色和紫红色砂泥岩等河湖相沉积岩。得益于良好的生态环境，恐龙成为陆地的统治者，称霸一时，重庆也成为名副其实的"侏罗纪公园"。

受东部太平洋板块活动的剧烈俯冲作用，这期间发生的燕山运动使初生的四川盆地进入多向挤压变形和改造阶段，形成一系列的褶皱、断裂构造形迹，这一运动一直持续到 6600 万年前的白垩纪。重庆东南部的箱状－隔槽式褶皱山地和中西部的隔挡式褶皱山脉等地貌形态在这一时期初步显现。

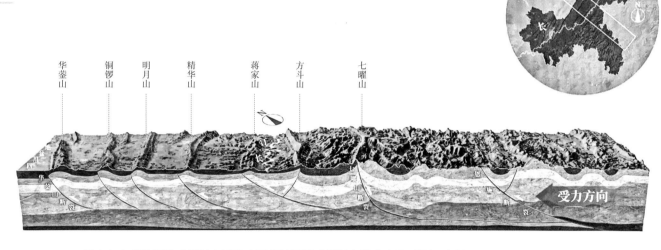

华蓥山　铜锣　明月山　精华山　蒋家山　方斗山　七曜山

受力方向

△ 重庆东南部的隔槽式褶皱山地和中西部的隔挡式褶皱山脉分布和成因示意图
（引自《川东侏罗山式褶皱构造带的物理模拟研究》）

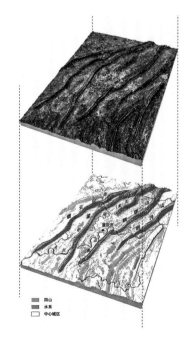

四山
水系
中心城区

6600 万年前，地球进入新生代，地球自然环境发生巨大变化，恐龙等物种大规模灭绝后，被子植物取代裸子植物占据优势，哺乳动物开始崛起。

喜马拉雅运动是重庆及周边地区重要的构造运动。中西部地貌形态开始出现，华蓥山以东至七曜山以西区域形成一系列北北东向延展的隔挡式褶皱山脉，以及与其平行相间分布的向斜谷地，造就了举世瞩目的川东平行岭谷。东南部则形成一系列北东向及北东东向延伸的隔槽式褶皱山脉。

◁ 重庆主城四山地区川东平行岭谷形态示意图
〔引自"重庆市旅游地质系列地图（六）重庆褶皱景观地图"〕

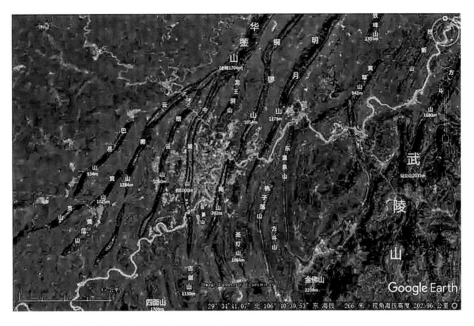

▲ 重庆中西部川东平行岭谷遥感影像图（引自谷歌地球）

这一时期重庆地区地壳运动转入间歇性抬升，长江及主要支流几度下切，形成多级阶地。流水强烈下切侵蚀，盆周山地形成深邃的峡谷，在平行岭谷区背斜山轴部，碳酸盐岩受溶蚀形成槽谷地貌，使山脉呈"一山一槽二岭"和"一山二槽三岭"的独特形态。渝东南地区，由于地层产状平缓，流水沿岩层裂隙溶蚀，形成了独特的台状喀斯特山地地貌。在构造运动和风化、河流切割、岩溶等综合作用下，各种地表形态逐渐呈现，重庆现代地貌逐渐发育完成。

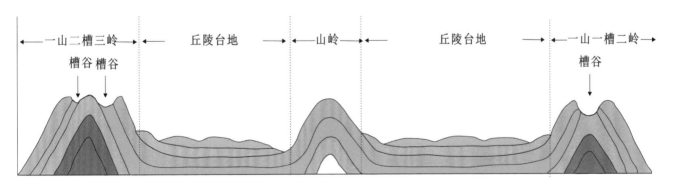

▲ 重庆地区平行岭谷及"一山一槽二岭"和"一山二槽三岭"地貌形态示意图

︿ 台状喀斯特山地地貌，位于酉阳县八面山地区，属于八面山向斜核部

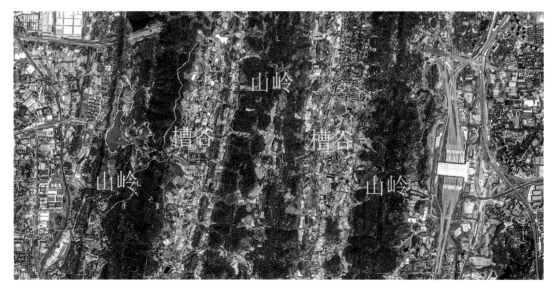

︿ 观音峡背斜构成的"一山二槽三岭"遥感影像图，九龙坡区含谷镇和华岩镇一带

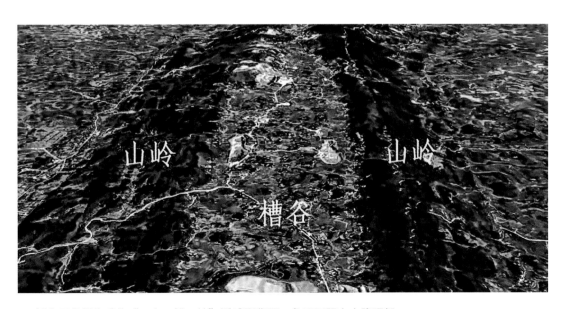

山岭　　　　　　　　山岭

槽谷

∧ 新店子背斜构成的"一山一槽二岭"遥感影像图，永川区阴山山脉顶部

∧ 台状喀斯特山地地貌，位于南川区金佛山地区，属于金佛山向斜核部区域

受地壳运动影响，地质历史时期曾发生过多次地壳构造运动，使原本水平或近水平的岩层发生倾斜或弯曲，甚至破裂、缺失。新老地层的接触关系则是记录地壳构造运动的关键，一个地区的地层接触关系，从侧面记录了该地区地壳运动的演化历史。

通过研究地层接触关系，可以帮助我们了解地壳运动的性质、特点以及演化历史，确定地质构造的形成时期及岩浆活动时期，同时对研究古地理演化过程、寻找矿床和解决其他相关地质问题也具有重要意义。因此在介绍经典地质构造现象之前，我们有必要先重点了解重庆地区主要的地层接触关系。

三

重庆市经典
地质构造

（一）地层接触关系
(Contact Relationship of Strata)

地层接触关系是指新老地层或岩石在空间上的相互叠置状态。

最基本的地层接触关系通常有：整合接触、平行不整合（假整合）接触、角度不整合接触等。在岩浆岩发育地区，还有侵入接触、侵入体的沉积接触等。

整合接触
(Conformable Contact)

整合接触是指当地壳处于相对稳定下降的情况下，形成连续的、不缺失的岩层。其岩层互相平行，时代连续，岩性和古生物有序递变，反映出一定时间内，该地区缓慢持续的地壳下降，也可能有未露出水面的局部上升，古地理环境没有突出的变化。整合接触是重庆地区最常见的地层接触关系。

⋀ 整合接触

位于綦江区丛林镇晒谷坪，奥陶系宝塔组、临湘组和五峰组地层接触整合界面特征，视域上下岩层界面产状一致，地层时代连续。

平行不整合接触
(Disconformity Contact)

　　平行不整合接触是指同一地区新老两套地层虽彼此平行，但不连续沉积，有沉积间断，缺少部分地层，且老地层顶面往往可见风化剥蚀的痕迹。上下岩层时代、岩性和古生物特征均不连续。重庆地区常见的平行不整合接触界面主要包括震旦系与寒武系、志留系至二叠系的各系、三叠系中统和上统、侏罗系与白垩系（仅江津和綦江地区）等。

　　平行不整合在野外最显著的特征是不整合面上下两套地层之间产状相同，但有沉积间断（地层缺失），上下两套地层形成的时代不连续，反映了地壳的一次显著的升降运动。

⋀　平行不整合（白垩系与侏罗系）
　　位于綦江县城东部老瀛山国家地质公园。侏罗系蓬莱镇组砂岩与上覆地层白垩系夹关组砾石层之间的平行不整合接触界面。视域内蓬莱镇组与夹关组界面产状一致，但上下地层时代不连续，存在沉积间断。

∧ 平行不整合（三叠系中统和上统）

位于云阳县普安乡田垭口剖面、三叠系中统巴东组四段黄灰、绿灰色页岩与上覆地层三叠系上统须家
河组岩屑石英砂岩之间的平行不整合接触界面。视域内巴东组与须家河组界面产状一致，但上下地层
时代不连续，存在沉积间断，在接触界面处存在厚 8 ～ 12 厘米的铁质黏土层，为古风化壳，是平行
不整合界面野外识别的重要证据之一。

∧ 平行不整合（二叠系与泥盆系）

位于黔江区中塘镇双石村，二叠系梁山组铝土矿层与泥盆系水车坪组灰岩之间的的平行不整合接触界面。视域内梁
山组与水车坪组地层界面产状一致，但上下地层时代不连续，存在沉积间断，缺失石炭纪时期的沉积地层。

◀ 平行不整合（泥盆系与志留系）

位于黔江区中塘镇双石村，下伏地层志留系韩家店组灰黄色薄层状粉砂质泥岩与上覆地层泥盆系水车坪组底部厚层状石英砂岩之间呈平行不整合接触。视域内韩家店组与水车坪组界面产状一致，但上下地层时代不连续，存在沉积间断，在接触界面处（石英砂岩底部）存在厚约 15 厘米的铁质黏土层，为古风化壳。

▼ 平行不整合（泥盆系与志留系）

位于巫山县抱龙镇和笃坪乡境内的桃花铁矿区，下伏地层志留系韩家店组粉砂岩与上覆地层泥盆系云台观组底部的底砾岩、含砾砂岩之间呈平行不整合接触。视域内韩家店组与云台观组面产状一致，但上下地层时代不连续，存在沉积间断。

角度不整合接触
(Angular Unconformity Contact)

角度不整合接触是指当下伏地层形成以后，由于地壳运动而产生褶皱、断裂、弯曲作用、岩浆侵入等造成地壳上升，遭受风化剥蚀，在地壳再次下沉接受沉积后，形成上覆的新时代地层。上覆新地层和下伏老地层产状完全不同，其间有明显的地层缺失和风化剥蚀现象。

在地质工作中，识别角度不整合的最重要的特征包括：上、下两套地层的产状不一致，以一定角度相交；两套地层的时代不连续，两者之间有代表长期风化剥蚀与沉积间断的剥蚀面存在。重庆地区最典型的角度不整合接触面为白垩系与其下伏地层之间的不整合面，主要发育于黔江、酉阳等区县。

▽ 角度不整合（三叠系与白垩系）

位于酉阳县小河镇桃坡村，白垩系正阳组砾岩层在三叠系巴东组灰岩之上，正阳组地层产状平缓，巴东组地层产状陡斜，不整合接触界面清晰可见。其形成原理主要为燕山构造运动使地壳抬升，三叠系巴东组之上地层遭受剥蚀，白垩纪时期，地壳下沉，该处地势相对为凹陷带，为古湖泊，沉积形成了上部的白垩系地层。

K_2z

T_2b

△ 角度不整合面（三叠系与白垩系）

位于黔江区正阳镇 319 国道半山腰，白垩系正阳组砾岩层角度不整合于三叠系巴东组泥岩之上，上下岩层产状不一致，存在沉积间断。

侵入接触
(Intrusive Contact)

　　侵入接触又称热接触，是岩浆上升侵入于围岩（地层）之中，经冷凝后形成的火成岩体与围岩（地层）的接触关系。

∨ 侵入接触（辉绿岩体与震旦系）

位于城口县北屏乡花椒湾，岩体沿震旦系八字坪组结晶云灰岩与薄层硅质岩间顺层侵入，产状与地层基本一致，岩性为辉绿-辉长岩体，岩体风化面呈灰黄色，枝杈状侵入。该岩体受加里东期伸展构造运动影响，在晚奥陶世—早志留世期间，由深部幔源岩浆沿着断裂、层间裂隙等弱带侵入形成，属于加里东运动中晚期的产物。

辉绿-辉长岩体

八字坪组

毛坝关组

辉绿 - 辉长岩体

箭竹坝组

∧ 侵入接触（辉绿岩体与寒武系）

位于渝陕界梁（重庆城口县北屏乡与陕西省岚皋县交界山脉），辉绿 - 辉长岩体侵入寒武系箭竹坝组微晶灰岩与薄层状灰岩之间，岩体宽6~20米，风化面呈灰黄色，枝杈状侵入。该岩体受加里东期伸展构造运动影响，在晚奥陶世—早志留世期间，由深部幔源岩浆沿着断裂、层间裂隙等弱带侵入形成。

（二）次生构造
(Secondary Structure)

次生构造是指岩石在成岩以后，由构造变动和非构造变动形成的各种变形、变位现象。如由构造变动产生的褶皱、节理、断层、劈理、线理等，非构造变动是与构造运动无直接关系的作用所形成的岩石变形。如在重力、化学、冰川等作用的影响下，地表各类岩石的变形。本书主要针对构造变动形成的构造形迹进行重点介绍。

1/ 褶皱构造
Pleated Structure

褶皱构造是指组成地壳的岩层，受构造应力的强烈作用使其发生波状弯曲而未丧失其连续性的构造。褶皱构造是岩层产生塑性变形的表现，是地壳表层广泛发育的基本构造。褶皱的规模可以长达几十到几百千米，也可以小到在手标本上出现。褶皱形态多种多样，根据褶皱的形态和组成褶皱的地层面向，将褶皱分为两种基本类型：背斜和向斜。

∨ 褶皱成因示意图

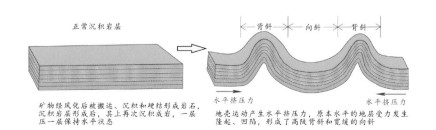

正常沉积岩层

矿物经风化后被搬运、沉积和硬结形成岩石，沉积岩层形成后，其上再次沉积成岩，一层压一层保持水平状态

背斜　向斜　背斜

水平挤压力　　水平挤压力

地壳运动产生水平挤压力，原本水平的地层受力发生隆起、凹陷，形成了高陡背斜和宽缓的向斜

∧ 猫儿洞褶皱（开州）

位于开州区白泉乡枫竹村，发育于二叠系灰岩地层。因构造运动，岩层挤压受力弯曲形成褶皱。

◀ 大缺洞褶皱（石柱）

位于石柱县金竹乡，发育于二
叠系灰岩地层，为倒转褶皱，
褶皱高度达 30 余米，宽度达
50 余米，上覆地层产状正常，
下伏地层产状发生倒转，造型
奇特。

▼ 毛滩河褶皱（石柱）

位于石柱县毛滩河峡谷一侧的灰色薄 - 中层状灰岩岩层中，褶皱两翼不对称，北翼较缓，南翼较陡，轴向约 30°，
轴中部呈尖棱状，外围呈圆弧状，北翼产状为 337°∠ 38°，南翼产状为 154°∠ 70°。

▲ 层间揉皱（巫山）
位于巫山县抱龙镇和笃坪乡境内的桃花铁矿区，发育于三叠系大冶组薄层状灰岩，是岩层受到强烈挤压形成的层间揉皱，长4米、宽1米，为露头尺度范围内的褶皱构造。

▷ 层间揉皱（长寿）
位于长寿区海棠镇，发育于三叠系巴东组二段泥灰岩和钙质泥岩，属于明月峡背斜核部区域，视域露头范围长15米、宽10米，呈现M形褶皱形态，是岩层受应力强烈挤压而形成的层间揉皱。

∨ 峡门口揉皱（黔江）

位于黔江区蓬东乡麻田村，在阿蓬江舟白度口下游约150米处南岸，视域露头范围长3米、高2米，为波浪状的揉皱，向西倒转。轴向南东130°～140°，东倾80°，西倾35°。所处地层为三叠系嘉陵江组，岩性为中厚层状灰岩，层理清晰，岩层受应力挤压后发生波状弯曲。

◁ 层间揉皱（云阳）

位于云阳县云安镇汤溪河岸旁，发育于三叠系巴东组白云质泥岩夹白云质灰岩，属于铁峰山背斜核部区域，视域露头范围长 40 米、宽 20 米，呈现"M"形褶皱形态，是岩层受应力强烈挤压而形成的层间揉皱。

∧ 层间揉皱（开州）

位于开州区雪宝山镇雪宝山国家森林公园，发育于三叠系大冶组薄层白云质灰岩。视域范围内揉皱长约 60 米、宽约 20 米，岩层弯曲明显，是岩层受应力强烈挤压而形成的层间揉皱。

∧ 层间揉皱（石柱）

位于石柱县冷水镇河源村，处于七曜山核心部位，石门坎附近，是采矿留下来的断面。褶皱断面呈圆弧形，外观颜色呈灰白色带褐色，与周围植被形成强烈对比。褶皱位于老厂坪背斜近轴部，岩层呈倾斜状，该褶皱呈圆弧形，若干个小褶皱相连，单个褶皱长约8米、高约3米；岩性为三叠系嘉陵江组灰岩。

∧ 尖棱褶皱（巫溪）

位于巫溪县乌龙乡鸳鸯村，发育于南华系南沱组紫红色中厚层状含砾凝灰质砂岩，褶皱两翼平直相交，转折端呈尖角状。

▲ 尖棱褶皱（城口）

位于城口县岚天剖面，大店子 - 油房逆冲推覆带内尖棱褶皱，发育于寒武系巴山组深灰 - 灰黑色薄层状硅质岩，转折端呈尖棱状，从褶皱两翼形态较为对称，从褶皱形态上看，属雪佛兰式褶皱。

∨ 尖棱褶皱（城口）

位于城口县岚天剖面，大店子 - 油房逆冲推覆带内尖棱褶皱，发育于寒武系巴山组深灰 -
灰黑色薄层状硅质岩，转折端呈尖棱状，褶皱两翼形态较为对称、长度不等，从褶皱形态
上看，属膝折式褶皱。

∨ 牵引褶皱（南川）

位于南川区水江镇乐村，发育于二叠系栖霞及茅口组灰岩中。在自然界中断层和褶皱往往相伴而生。该处构造景观正是由附近的大阡坝断层错动，在断层上盘引起的牵引褶皱构造。

挠曲
(Monocline)

挠曲是指在水平或缓倾的岩层中的一段突然变陡而表现出的台阶状弯曲，也称单斜褶皱。

⋀ 挠曲（巫溪）

位于巫溪下堡镇石门村公路旁，发育于三叠系大冶组中层状灰岩夹薄层状泥岩，视域范围内长 20 米、宽 4 米，是缓倾斜岩层受到应力挤压作用形成的。

⋀ 铁峰山背斜（万州）

位于万州区铁峰乡老岩村，为铁峰山背斜核部区域，核部地层为三叠系巴东组泥质灰岩，褶皱清晰形态完整。铁峰山背斜为区域性的背斜构造，全长约 80 千米，主要分布于垫江、梁平、万州、云阳等区县。

背斜
(Anticline)

　　背斜是指岩层发生褶曲时，形状向上凸起者。岩层自中心向外倾斜，核部是老岩层，两翼是新岩层。在一般平地上，背斜的地层上半部受到侵蚀变平，会形成中间古老，两侧较新的地层排列方式。由于背斜岩层向上拱起，且油、气的密度比水小，是良好的储油、储气构造。

▷ 铁峰山背斜（云阳）

位于云阳县莲花乡大坪垭口，为铁峰山背斜核部区域，核部地层为三叠系巴东组二段紫红色、灰绿色泥岩夹薄层泥质灰岩。背斜核部褶皱清晰，形态完整，背斜核部狭窄呈现尖棱状，核部区域发育一系列狭窄的次级褶皱。

∨ 天子复式背斜（开州）

位于开州区满月镇天子村，核部为二叠系茅口组灰岩，两翼为二叠系至三叠系地层。复式
背斜由两个背斜和一个向斜组成。其中，北面背斜为主背斜，南面由一个次级向斜和一个
次级背斜组成。

∨ 望霞背斜（巫山）

位于巫山县望霞乡长江北岸，区域上属七曜山背斜的一部分。该背斜延伸远，长度达100千米，核部出露最老地层为三叠系大冶组灰岩，背斜顶部产状较平缓，一般几度至十几度，向两翼变陡。轴面直立，为一直立开阔褶皱，地貌上形成背斜山，是巫峡主景之一。

◀ 螺蛳臼背斜（开州）

位于开州区关面乡小园村，背斜核部由二叠系灰岩组成，两翼对称，轴面直立，属直立水平褶皱。背斜轴部形成一凹岩腔，呈圆弧形状，形如螺纹，当地居民称其为螺丝洞。

▲ 月亮岩背斜（开州）

位于开州区白泉乡北里村，核部地层为二叠系栖霞组灰岩。背斜形态完整，呈现弯月形态，两翼对称，轴面直立，属直立圆弧褶皱。

∨ 鸡公梁背斜（巫溪）

位于巫溪县峰灵镇庙溪村。褶皱形成背斜山，其最佳观赏位置位于对岸的凤凰山。褶皱发育在三叠系下统嘉陵江组灰岩地层中，背斜轴面近直立，两翼倾向相反，倾角相近，属直立水平褶皱。

∧ 七蟒峡箱状背斜（巫溪）

位于巫溪县徐家镇大宁河西岸，发育于寒武系三游洞组白云岩，褶皱两翼陡立面转折端平直，呈现箱状形态。

∧　寒溪沟背斜（城口）

　　位于城口县鸡鸣乡金岩村，视域内为一个斜歪的不对称背斜轴部。山体大部分被绿色茂密的植被所覆盖，出露的地层为三叠系下统嘉陵江组，岩性为浅灰色中厚至厚层状的白云质灰岩。寒溪沟背斜形成于燕山运动时期。

∧　洛龙背斜（武隆）

　　又称羊角背斜，位于武隆区原羊角镇附近乌江北岸，属于复式褶皱构造，全长近60千米。该背斜形成于燕山运动期，后期又受到喜马拉雅运动的影响，叠加了多期次的构造运动，从而形成了复式背斜构造。

∧ 锅圈崖背斜（涪陵）

　　位于涪陵区武陵山乡金山子村望郎崖处，可观一背斜横切面，因外形如"锅圈"而得名。褶皱两翼地层为二叠系长兴组至三叠系嘉陵江组灰岩，核部为志留系韩家店组页岩，因构造运动而形成，乌江切割暴露于地表，形态完整，能展现整个褶皱要素。

河口背斜（涪陵）

位于涪陵区武陵山乡乌江沿岸河口地区，拍摄地位于武隆区威武山公园山顶。褶皱发育于二叠系栖霞及茅口组灰岩，背斜轴面倾斜，枢纽近水平，两翼倾向相反，东翼倾角较缓，西翼倾角较陡，为斜歪水平褶皱。

向斜
(Syncline)

　　向斜是褶皱的基本形态之一，与背斜相对，是指岩层发生褶曲时，形状向上凹起者。岩层自中心向外倾斜，核部是新岩层，两翼是老岩层。因此，从地形的原始形态看，向斜成为谷地。但是，由于向斜槽部受到挤压，物质坚实不易被侵蚀，经长期侵蚀后反而可能成为山岭，相应的背斜却会因岩石拉张易被侵蚀而形成谷地。

∧ 向斜（手标本）

　　图为向斜褶曲手标本，采集于城口县明月，岩性为南华系南沱组薄板状含砾凝灰质粉砂岩，长约 15 厘米。李伦炯 2008 年摄于重庆中国三峡博物馆。

> **檀木复式向斜（巫溪）**
位于巫溪县白鹿镇国道一侧，大宁河沿岸，视域范围内主体表现为向斜构造，核部由一向斜和背斜构造组成的复式向斜构造，显示多期次构造运动叠加，核部出露岩性为二叠系吴家坪组厚层状白云质灰岩。

> **罗高湾向斜（巫溪）**
位于巫溪县中梁乡星溪村，向斜发育在罗高湾上方是一处绝壁陡崖。视域范围内的向斜陡崖高200米、宽800米，石崖为向斜轴部，两面向中间倾斜，轴面近直立，两翼倾向相反，倾角相近，为直立水平褶皱。

▷ 川河盖向斜（秀山）

位于秀山县川河盖地区，本图为无人机航拍图。

在秀山境内向斜轴长约 35 千米，轴线走向在石耶一带以北为北东向，向南渐渐转为北北东向，平面上呈向北西凸出之弧形，为拱状向斜，南北两端均延至重庆市外。向斜核部由二叠系灰岩组成，往南脊线逐渐扬起，随之出露志留系地层。在地貌上川河盖向斜发育成为典型的桌状山地地貌，类似的还有南川金佛山向斜区域形成的金佛山台状喀斯特地貌。

∧ 龚滩向斜（酉阳）

本图为无人机航拍图，摄于酉阳县龚滩镇，重庆境内长度约 45 千米，轴面呈北北东走向，核部最新地层为三叠系嘉陵江组灰岩，两翼地层为三叠系、二叠系，两翼产状较陡。褶皱核部由于受到后期风化剥蚀，呈现明显的弧形构造。

大型、区域性褶皱以及断裂构造往往很难直接在视域范围内发现。地质工作者经常通过各种技术手段，如区域地质调查、物探、遥感解译、三维影像、无人机航拍等，确定这些大规模地质构造的形迹，并开展相关研究和应用。

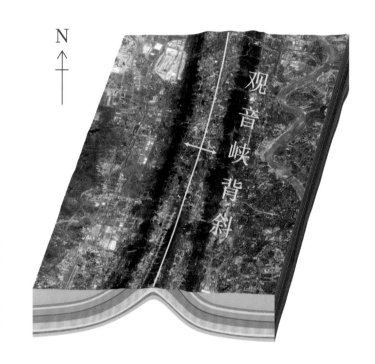

> **观音峡背斜遥感影像及地下三维模型示意图（重庆城区）**

属于华蓥山复式背斜中的主背斜，此图来源于1∶5万沙坪坝幅区域地质调查图幅的遥感影像图。其位于新桥办事处、歌乐山办事处、中梁镇一线，视域范围约 207.31 平方千米。该背斜核部地层主要由三叠系下统飞仙关组和嘉陵江组灰岩地层灰岩构成，形态呈现为梳状背斜，中段和北段的地表构成"一山一槽二岭"的地貌形态，南段的地表构成"一山二槽三岭"的地貌形态。

∨ **正阳向斜及濯河坝向斜形态实测剖面图（黔江）**

濯河坝向斜为区域性的褶皱构造，主要分布于黔江、酉阳、彭水等区县。本图为舟白机场附近正阳向斜及濯河坝向斜形态示意图，濯河坝向斜形成于燕山运动，为主构造；正阳向斜定型于喜马拉雅运动，属于濯河坝向斜中发育的次级向斜构造。

该构造形态示意图是通过1∶5万黔江幅区域地质调查工作后，经综合分析研究后绘制而成。

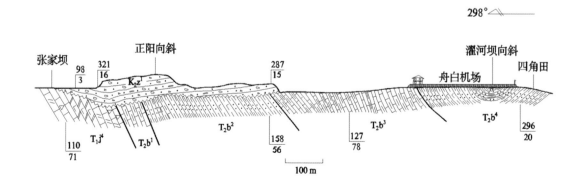

② / 断裂构造
Faulted Structure

断裂构造是岩层受地应力作用后，当力超过岩石本身强度使其连续性和完整性遭受破坏而发生破裂的地质构造。断裂构造是地壳上分布最普通的地质构造形迹之一，分为节理、劈理、断层等基本类型。

（1）
节理
Joint

节理也称为裂隙，是岩体受力断裂后两侧岩块没有显著位移的小型断裂构造。节理是很常见的一种构造地质现象，如我们常常见到的岩石露头上的裂缝。它的存在为矿产资源的形成提供了运输的通道，也是石油、天然气、地下水运移通道和储聚场所。但大量发育的节理也为水库和大坝等工程修建带来隐患，并容易引发危岩崩塌和山体滑坡等地质灾害。

> 节理

位于巫山县长江左岸（巫山段）箭穿洞，发育于三叠系大冶组厚层状灰岩，该处为一特大型高危岩体。危岩的形成受地质体内部组成（如岩体成分、岩石结构、构造运动等）和外部条件（如地形地貌、植被、降水、风化等）共同制约。其中岩体内部裂隙的大量发育造成岩体互相切割，岩体失稳是主要的因素之一。视域内可见岩体形态呈不规则长条形、发育大量纵张节理，严重破坏了岩体的稳定性。2019年底重庆市已对该处危岩完成了危岩治理工程。

︿ 箭穿洞危岩治理后远景（任世聪 2021 年摄于长江三峡一行）

  节理按其成因，分为非构造节理和构造节理。非构造节理主要是指岩石成岩过程中形成的原生节理；岩石成岩后由风化作用形成的风化节理；岩石坍塌、陷落、滑动形成的崩坍陷构造；以及由人工爆破所产生的节理。构造节理通常分布广泛，有明显的规律性，并与褶皱、断层等构造之间存在一定内在联系，也是本书重点介绍的构造形迹。

  节理的分类较多，根据力学性质分为张节理和剪节理两类。

︿ 节理

位于巫溪县尖山镇九狮坪，发育于二叠系吴家坪组灰岩。属于背斜轴部发育的纵张节理，对岩体的稳定性具有一定影响。

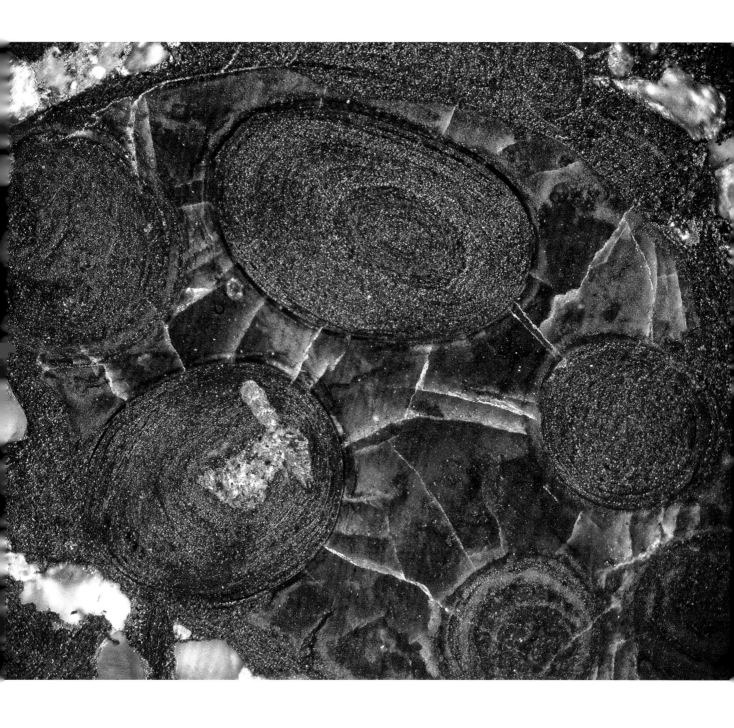

︿ 显微节理（裂隙）

位于巫山县抱龙镇和笃坪乡境内的桃花铁矿区，该图为矿区内鲕粒赤铁矿矿石光片在显微镜下的显微结构图。视域
范围约 30 微米，在鲕粒中显微裂隙大量发育，可见部分微晶方解石充填于鲕粒中的多组裂隙中。

张节理
(Tension Joint)

张节理是由于张应力超过岩石的抗性强度而在岩体中产生的张破裂面，特征是节理面粗糙不平，无擦痕，一般沿走向及倾向都延伸不远，即行消失，张节理常张开而不闭合，易被矿物充填。

⋀ 张节理

位于城口县高观镇龙峡地区，发育于寒武系巴山组硅质岩。视域内显示三个方向的石英脉充填于岩石节理中，并相互切割，表明岩体至少经历了三个不同期次的热液活动。

▶ 张节理
（雁列式方解石脉）

位于长寿区石堰镇，视域宽度 80 厘米，发育于明月峡背斜核部三叠系嘉陵江组灰岩。可见岩石面上张节理被方解石脉充填，呈雁列式排列，其中方解石脉存在相互切割的现象，显示多期次的构造运动叠加。

▶ 张节理
（雁列式方解石脉）

位于巫溪县尖山镇九狮坪，视域宽度约 1 米，发育于二叠系茅口组灰岩。可见岩石面上张节理被方解石脉充填，呈雁列式排列，其中方解石脉存在相互切割的现象，显示多期次的构造运动叠加。

剪节理
(Shear Joint)

剪节理是指岩石受剪应力作用产生的节理，一般发育于压应力呈45°角左右的平面上，即最大剪切面上，一般剪节理在平面上延长较远，呈直线状。节理面光滑，其上有擦痕，常切过砾岩中的砾石或岩层中的化石，剪节理不是张开的而是紧闭的，常成对出现，形成 X 型节理。

◁ 剪节理

位于石柱县金铃乡县级公路旁，发育于奥陶系大湾组页岩。视域内可见两组剪切面上同时发育两组剪切节理，形成共轭节理（X型节理），造成岩体较为破碎。

◁ 剪节理

位于巫溪县田坝镇汤溪河，发育于三叠系大冶组灰岩。视域内可见两组剪切面上同时发育两组剪切节理，形成共轭节理（X型节理）。

∧ 剪节理作用下形成的红石林

位于酉阳县酉酬镇江西湾村，发育于奥陶系牯牛潭组富含铁质的泥质灰岩。在岩石剪应力作用下形成近水平的 X 型节理，并经过长期的差异风化和溶蚀作用逐渐形成奇特的红色岩溶石轮景观。

﹥ 多期次剪节理

位于酉阳县楠木乡楠木沟，发育于青白口系板溪群中的石英砂岩。视域内可见岩石层面上存在多组节理相互切割的现象，形成网状构造，表明岩石曾受到多期次的剪应力作用。

（2）
劈理
Cleavage

劈理是指变形岩石中能使岩石沿一定方向劈开成无数薄片的面状构造，其基本构造特征表现为岩石内部发育由劈理域和微劈石域相间排列而成的域构造。根据劈理成因和结构，劈理分为流劈理、破劈理和滑劈理。

▽ 糜棱岩的劈理化现象

位于城口县高观镇，发育于城巴断裂带内的寒武系地层，由于岩石糜棱岩化发育，呈现出明显的塑性流动构造。

流劈理
(Flow Cleavage)

流劈理是变质岩中最常见的一种透入性面状构造，由岩石中片状、板状或扁圆状矿物或集合体的平行排列而形成，具有使岩石分裂成无数薄片的性能。当劈理面上的矿物重结晶较小或不显著时，一般称为板劈理，如板岩中的板劈理；当劈理面上重结晶显著，肉眼可辨认出片状矿物平行排列时，则称为片理，如片岩中的片理。此外，还包括片麻岩中的片麻理、糜棱岩中的塑性流状构造等。

∨ 流劈理（板劈理）

位于城口县河鱼乡刘家台，发育于寒武系毛坝关组灰黑色炭质板岩。在手标本尺度上，板劈理将板岩分割成无数极为平整的薄板状，该类岩石曾作为村民盖房用瓦板岩。

破劈理
(Fracture Cleavage)

破劈理是指岩石中一组与矿物的排列方向无关的、密集的平行破裂面，一般为剪裂面，其间隔一般为数毫米到数厘米。破劈理与剪节理的区别在于两者发育密集程度和平行排列程度的不同，当其间隔超过数里面时，则称为剪节理。

︿ 破劈理

位于城口县鱼肚河公路旁，发育于寒武系毛坝关组泥质灰岩，是一小型褶皱轴部发育的轴面破劈理，可见轴面破劈理垂直于岩石原生层理。

滑劈理
(Slip Cleavage)

滑劈理又称剪劈理或折劈理，是指岩石中切过先存面理的差异性平行滑动面，其劈面平直，平行排列，其间距宽窄不一，如褶劈理。滑劈理的微劈石中的先存面理一般均发生弯曲或形成各式各样的揉皱。

（3）面理 Foliation

面理又称叶理、剥理，是见于手标本和露头范围内的岩石中的透入性面状构造。前文所述的劈理是面理的主要类型之一，此外，常见的面理构造还包括变质岩中的片理、片麻理等。部分学者根据不同的研究方向有时也将片理和片麻理列入流劈理范畴。

压溶面理 (Pressure Solution Foliation)

不同的几种矿物组成的岩石在压溶过程中，相对易溶的矿物，如方解石等逐渐被溶解、扩散，而相对难溶的矿物，如层状硅酸盐矿物及黏土、铁质、炭质难溶残余则相对集中成带，从而构成了压溶面理。

▽ 压溶面理

位于酉阳县天馆乡，发育于奥陶系桐梓组藻纹层灰岩。其中富集的藻纹层作为难溶残余，发育形成压溶面理。

（4）

线理
B-fabric

线理是岩石中发育的一般具有透入性的线状构造，根据成因可分为原生线理和次生线理。前者是成岩过程中形成的线理，如岩浆岩中的流线；后者是指构造变形中形成的线理。常见的大型线理有石香肠构造、窗棂构造、杆状构造、铅笔构造等。重庆地区主要发育于城口地区的城巴断裂带附近，主要是由强烈的构造变形作用形成的中大尺度的线理构造。

窗棂构造
(Mullion Structure)

窗棂构造又称窗棂构造，是强硬岩层组成的形似一排棂柱的半圆柱状大型线状构造，常见于强烈变形的岩石中。窗棂构造常沿着强弱岩层相邻的强硬层的界面出现。一系列宽而圆的背形被尖而窄的向形所分开，形成"嵌入"式褶皱。软弱层总是以尖而窄的向形嵌入强硬层，强硬层面呈圆拱状的背形突向软弱层。

▽ 窗棂构造

位于城口县高观镇，发育于城巴断裂带附近的寒武系地层，视域范围呈现出杆状特征，长度约 10 厘米。

（5）
断层
Fault

　　断层是地壳受力发生断裂，沿断裂面两侧岩块发生的显著相对位移的构造。断层规模大小不等，大者可沿走向延伸数百千米，小者只有几十厘米。断层在地壳中广泛发育，是地壳最重要的构造之一。断层分类涉及因素较多，分类也较复杂，其中按断层两盘相对运动关系来分类较为常见，分为正断层、逆断层和平移断层。

　　大型断层不仅控制区域地质的结构和演化，而且影响区域成矿，一些中小型断层直接决定矿床和矿体的形态及产状，对石油、天然气、地下水的分布、运移和储存具有重要影响，尤其是活动断层会直接影响水文工程建筑，甚至引发地震。

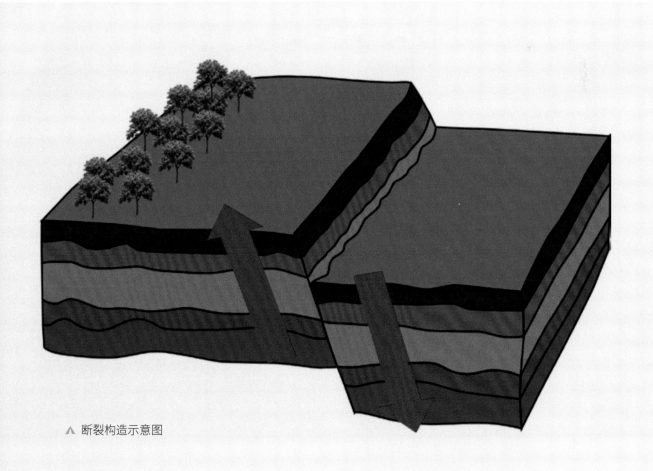

▲ 断裂构造示意图

正断层
(Normal Fault)

正断层是指断层形成后，上盘下降、下盘相对上升的断层，主要是受到拉张力和重力作用形成的。正断层断面倾角较陡，通常在45°以上，而以60°左右者较为常见。正断层在地形上表现显著。大型正断层多出现于张裂性板块边界。

∨ 正断层

位于巫溪县尖山镇九狮坪，发育于二叠系孤峰组炭质泥岩。
视域可见倾斜的岩层被断层错断，不连续，表现为断层上盘
向下滑动，断层下盘相对上升。

▶ 小杨坡正断层

位于黔江区黑溪镇杨坡，发育于三叠系大冶组二段薄层灰岩，破碎带宽约 0.5 米，断层上盘产状 280°∠75°，下盘产状 300°∠15°，上下盘地层呈大角度相交，断层具张扭性质。在野外地质工作中，上下岩层产状相差较大，是识别该区域存在断层发育的重要依据之一。

◀ 正断层

两组照片均位于彭水保家镇，发育于志留系韩家店组粉砂质泥岩，为高角度正断层。

逆断层
(Reverse Fault)

逆断层是指断层形成后，上盘上升、下盘相对下降的断层，主要由水平挤压与重力作用而形成。

∨ 长梁子逆断层

位于巫山县福田镇长梁子，发育于三叠系大冶组薄层状灰岩。受断层影响，断层上盘附近的薄层灰岩发育牵引褶皱，岩层弯曲。

在野外地质工作中，地质工作者经常通过弯曲岩层与断层面锐角夹角的指向性来判断断层性质。视域内岩层与断层面的锐角夹角指向对盘运动方向，据此可以判断断层下盘相对向下滑动，为一低角度逆断层。

△ 百福司逆断层

位于酉阳县酉酬镇陶家坪。视域内奥陶系红花园组灰岩地层覆盖于志留系新滩组泥岩地层之上，正常沉积顺序应为
上覆地层为志留系，下伏地层为奥陶系，此处地层发生倒转，上下两盘的产状变化较大。

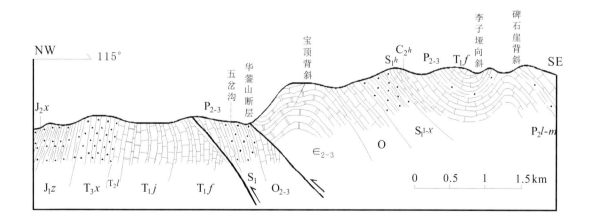

△ 华蓥山断裂构造及华蓥山复式背斜剖面图

华蓥山断裂为区域性的基底断裂，北起于四川万源南，南经达州，进入重庆合川、铜梁、荣昌后，继续南延至宜宾，
全长 500 千米以上，市内长约 150 千米，大部分区域隐伏于地下或断续出露。断裂附近地层受多期次的应力挤
压叠加易形成复式背斜构造，多具向斜开阔、背斜紧凑的隔档式特征。该断裂带的形成最早可以追溯到 7.8 亿年前
的晋宁期，经多期次的构造运动，至今仍然较为活跃，研究表明，重庆荣昌等地在 1997 年 8 月曾发生过 5.2 级地震，
推测可能与该断裂活动有关。

断层破碎带
(Fault Crushed Zone)

断层破碎带是指由断层或裂隙密集带所造成的岩石强烈破碎地段。破碎带的宽度有达数百米甚至上千米，长度可为数十米乃至数十千米，破碎带内通常含有由断层作用形成的断层角砾岩、碎裂岩、糜棱岩或断层泥等。

‹ 断层破碎带

位于巫山县抱龙镇和笃坪乡境内的桃花铁矿区，发育于泥盆系黄家磴组石英砂岩。视域内可见方解石脉充填于张性断层破碎带内。

‹ 断层破碎带

位于城口县龙潭河剖面，发育于城巴断裂破碎带内，破碎带宽度大于200米。视域内早期的张性角砾岩受到后期应力挤压形成构造透镜体。

阶步和擦痕
(Step and Brush Abrasion)

阶步是断层两盘岩石相对错动时在断层面留下的痕迹。擦痕是断层两盘岩石被磨碎的岩屑和岩粉在断层面上刻划的一组比较均匀的平行细纹。

◀ 阶步和擦痕

位于巫溪县白鹿镇燕子村。断层擦痕和阶步往往同时出现，是野外识别断层的重要标志之一，可以判断断层面的相对滑动方向。图中陡坎指示对盘运动方向。

▽ 阶步和擦痕

位于酉阳县酉酬镇江西湾村红石林，发育于奥陶系牯牛潭组泥质灰岩，为右行平移断层形成的阶步和擦痕。

　　断层活动会在产出地段的有关地层、构造、岩石或地貌等方面反映出来，形成了所谓的断层标志，这些标志是识别断层的主要依据，如前文提到的破碎带内的构造透镜体、阶步和擦痕等。但某些大型断层和区域性的断裂构造在人的视域范围内较难直观地察觉，只能借助地球物理、遥感等手段进行综合判定。

　　遥感影像图中一些特定的影像特征是识别大型断层的重要依据之一。遥感影像图中，可以清晰地看到该断层走向呈现出明显的负地形，表现为山间沟谷地貌，地下三维模式显示，断层上盘下降，下盘相对上升，断层面较陡，地层被切断，呈断层接触，主要发育于寒武系和奥陶系地层中。

∧ 郁山正断层遥感影像及地下三维模型示意图

　　郁山正断层为区域性断裂构造，位于郁山背斜的西翼，南从贵州道真入境，主要分布于黔江、彭水两个区县，全长约 95 千米。该断层带内不同性质、不同期次、不同规模的次级断裂相互影响、切割地层，形成大小不等的断块和大面积断层破碎带。视域范围约 279 平方千米，位于彭水县迁乔乡中心桥、三会小学、保兴村一线。

∨ 长寿 - 遵义断裂遥感影像及地下三维模型示意图

该断裂为基底断裂，纵贯全市南北，市内长约 120 千米，北起于开州一带，经长寿，南进入贵州，止于遵义一带，重庆境内长约 300 千米，大致为重庆陷褶束内华蓥山隆褶束与万州凹拗褶带的分界控制线。该带西侧为华蓥山穹褶束，该区内背斜多狭窄成山，向斜开阔成谷，组成典型的隔挡式褶皱。该断裂带经过长期活动，主要经历了燕山早期断裂雏形并发生自东而西挤压逆冲；燕山晚期以拉张为主兼右行平移；喜马拉雅期发生自西向东逆冲。该断层视域范围约 19.3 平方千米。

　　重庆市域内其他著名的基底断裂和深大断裂还包括城巴断裂带、乌坪断裂带、华蓥山断裂带、七曜山断裂带、沙市断裂等。它们的分布位置和断层性质是划分重庆市地质构造分区和地层分区的重要依据。

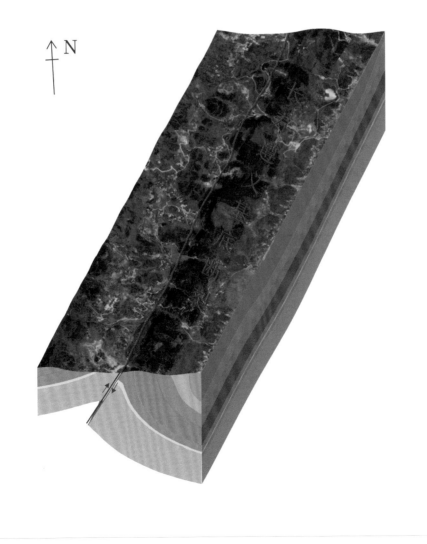

（三）原生构造
(Primary Structure)

原生构造是指岩石形成过程中发育的构造，包括沉积岩构造、岩浆岩构造和变质岩构造。重庆地区沉积岩分布广泛，为观察和研究沉积岩的原生构造提供丰富的素材，本书将重点介绍重庆地区沉积岩的原生构造。

沉积岩的原生构造一般简称为沉积构造、原生沉积构造，是指沉积岩在沉积过程中或在沉积物固结之前形成的构造，如层理构造、层面构造、同生变形构造等，其特征取决于沉积环境，特别是介质动力条件、沉积物负荷压力作用、沉积物水化或脱水等效应。沉积构造是沉积物和沉积岩中最常见且最容易直接观察到的主要特征之一，对沉积环境的解释或岩层顶底面的判别具有重要意义。

沉积构造成因性质可分为三类，即物理成因、化学成因、生物成因。其中物理成因的构造包括流动构造、同生变形构造和暴露构造。层理构造和层面构造则是流动构造最常见的类型。

1 / 层理构造
Bedding Structure

层理构造是指沉积物沉积时在层内形成的成层构造，属于物理成因中流动构造的一类，主要分为水平层理、平行层理、斜层理、交错层理、波状层理、脉状层理、韵律层理、粒序层理等。层理是沉积岩最典型最重要的特征之一，有助于正确划分和对比地层，恢复地层的正常产状。

水平层理
Horizontal Bedding

纹层呈直线状互相平行，并且平行于层面，细层厚 1～2 毫米。由于没有明显的层系界面，因此也称水平纹层。一般认为这种层理是在比较稳定的水动力条件下如河流的堤岸带、闭塞海湾、海和湖的深水带，物质从悬浮或溶液中沉淀而成。

> **水平层理**
> 位于开州区敦好镇
> 正坝，发育于侏罗
> 系新田沟组粉砂岩。

∨ **水平层理**
位于南川区三泉镇窑湾村，岩性
为志留系小河坝组泥质粉砂岩。

平行层理
(Parallel Bedding)

平行层理外貌上与水平层理极相似，但沉积环境不同，它是在较强水动力条件下流动水作用的产物，非静水沉积。

平行层理的一般特点是颗粒大小不同的纹层叠覆，或是含有不同重矿物的纹层叠覆，或二者兼备。平行层理一般出现在急流及能量高的环境，如河流、海滩等环境中，常与大型交错层理相伴生。

◀ 平行层理

位于巫溪县团城地区，发育于侏罗系沙溪庙组石英砂岩。

▼ 平行层理

位于云阳地区，发育于侏罗系蓬莱镇组岩屑石英砂岩。

∧ 平行层理
　　位于开州地区，发育于侏罗系香溪组岩屑石英砂岩。

斜层理
(Oblique Bedding)

斜层理是指沉积岩的岩层内出现的同岩层水平层面相斜交的层理，是由许多同向倾斜的，并以各种小于休止角的角度中凹的细层（薄于1厘米）重叠组成，是沉积物在流动的水或大气介质中向同一方向运动、堆积的结果。斜层理的倾斜方向指示水流或气流的方向，常发育在水、气流沉积物中，如三角洲、沙丘及冲刷和充填构造等。

▲ 斜层理

位于垫江县城国道旁，发育于侏罗系遂宁组砖红色泥质粉砂岩，视域内可见一组斜交于岩层层面的纹层。

交错层理
(Cross Bedding)

交错层理是由一系列斜交于岩石层面的纹层组成，并由多组不同方向的斜层理互相交错重叠而成。交错层理由水流的运动方向频繁发生变化所造成，沉积环境多见于滨海滨湖潮汐地带。交错层理是一种重要的指向构造，可以确定古水流系统，属于斜层理中的特殊类型。

⋀ 交错层理
位于丰都县南天湖镇，发育于三叠系大冶组灰岩。

∧ 人字形交错层理
位于酉阳县丁市镇，发育于寒武系耿家店组白云岩。

∧ 羽状交错层理
位于酉阳县兴隆镇，发育于寒武系茅田组灰岩。

∧ **楔状交错层理**

位于江津区中山镇常乐村，发育于白垩系下统夹关组砖红色泥质粉砂岩。层系之间上下界面平直，层系厚度变化明显呈楔形，属于大型交错层理构造，常见于三角洲、河流心滩及浅湖沉积环境。

＞ **板状交错层理**

位于南川区西城街道来游关剖面，发育于三叠系二桥组厚层状石英砂岩。层系上下界面平直，呈板状。板状交错层理是由具平直脊的波痕迁移、沙浪移动而形成的一种大型交错层理构造。

波状层理
(Wavy Bedding)

波状层理属于潮汐层理的一种。岩石细纹层呈波状起伏，总体平行与层面，波纹可对称或不对称，形成于浅水区的波浪震荡环境。

◀ 潮汐层理（波状层理）

　　位于彭水县，发育于奥陶系桐梓组白云质灰岩。

脉状层理
(Flaser Bedding)

脉状层理属于潮汐层理的一种，又称压扁层理，俗称"砂包泥"，是指具沙纹层理的砂岩薄脉状层理层呈波状起伏，波谷与部分波脊中有不连续的泥质脉。常与波状、透镜状层理共生，主要发育于潮汐环境，在湖滨、三角洲前缘、河流等环境中也可见到。

◀ 潮汐层理（脉状层理）

　　位于开州区敦好镇正坝，发育于侏罗系遂宁组杂砂岩。

韵律层理
(Rhythmic Bedding)

韵律层理又称韵律层，其特征是组成层理的细层或层系，在成分上、结构上以及颜色上作有规律的重复变化。韵律层理一般是在潮汐环境中由潮汐的周期变化产生的，反映潮间带环境。

▲ 韵律层理

位于南川区西城街道来游关剖面，发育于侏罗系自流井组马鞍山段。视域内暗紫色薄-中层泥质粉砂岩与紫红、黄绿色泥岩组成多个不等厚韵律，反映水体变化不大，水体的反复变化特征明显。

∧ 韵律层理

位于丰都县暨龙镇凤来社区。视域内可见三叠系中统巴东组
紫红色夹灰绿色、青绿色不等厚互层状泥岩。韵律层理由紫
红色泥岩与灰绿色、青绿色泥质组成，岩层平行。

粒序层理
(Graded Bedding)

粒序层理又称递变层理、粒级层理，是韵律层理的一种类型。在沉积物沉积作用过程中，颗粒发生分选并在岩层垂直方向上颗粒大小呈韵律性变化的分布。一般以正粒序最为常见，表现为从下到上，颗粒由粗变细。它主要是在水流速度逐渐减小的条件下，例如在一次短暂的浊流的沉积作用下形成的。

▼ 粒序层理

位于奉节县莲花淌—招峰寺一带，发育于三叠系香溪组第二段岩屑砂岩底部。视域范围内，可见颗粒呈现明显韵律层序，从下到上，颗粒由粗逐渐变细，为正粒序。

2 / 层面构造
Bedding-Plane Structure

层面构造是指在岩层表面呈现出的各种不平坦的沉积痕迹。这类构造种类繁多，成因各异，主要包括波痕、泥裂、槽模、雨痕、沟模等。

∨ 波痕构造

位于石柱县冷水镇河源村，发育于志留系罗惹坪组砂岩层面。

波痕构造
(Ripple Mark Structure)

波痕是沉积岩中最常见的构造之一。它是由介质（风、流水、波浪、潮汐流）的运动，在沉积物表面所形成的一种波状起伏的构造。波痕构造在重庆地区的砂岩和灰岩层面上广泛发育。

∧ 波痕构造

位于云阳县耀灵乡，发育于侏罗系新田沟组中上部粉砂岩。波峰显示古流水的方向。

泥裂构造
(Mudcrack Structure)

泥裂是沉积岩中未固结的沉积物被阳光晒干或脱水收缩作用形成的。平面上呈不规则的多边形裂块，横剖面上呈 V 字形。常见于黏土岩及石灰岩的顶面。泥裂构造主要出现在间歇性曝晒的地方，例如在潮汐带、滨岸带、河流的天然堤等，可以作为鉴定相环境的成因标志。

∧ 泥裂构造
位于彭水县乔梓乡，发育于志留系小河坝组粉砂岩。

槽模构造
(Flute Cast Structure)

　　槽模通常是由于流水在下伏泥质沉积物层面上冲刷先造成凹坑，然后被上覆砂质沉积物充填和覆盖，经成岩固结以后，在上覆砂岩的底层面上形成向下凸出的小包，实为下伏泥质沉积物的层面上冲坑的印模。槽模大小一般为 2～10 厘米，根据槽模的排列方向可用来确定古流向，长轴平行水流方向，陡的一端指向上游。

∧ 槽模构造

位于江津区中山镇，发育于侏罗系蓬莱镇组上部砂体。

∧　槽模构造

　　位于开州区临江镇，发育于侏罗系新田沟组泥质粉砂岩。

龟裂纹构造
(Chapped Structure)

龟裂纹构造是指沿岩石层面发育的由近正多边形（以正六边形为主，也见正四边形、正五边形）拼接而成，形似龟背的构造，反映了成岩时期较为炎热干燥的古气候条件。龟裂纹构造在重庆地区奥陶纪时期的泥质灰岩中广泛发育。

∧ 龟裂纹构造

位于巫溪县徐家镇高洪滩，发育于奥陶系宝塔组灰岩。

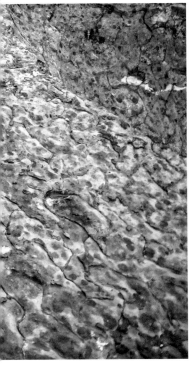

< 龟裂纹构造

位于酉阳县白竹中学，发育于奥陶系宝塔组灰岩。

泥质条带构造
(Argillaceous Zebra Structure)

泥质条带是泥质灰岩中泥质成分呈条带状分布的一种沉积构造。当海平面升高，区域远离海岸，不接受陆地的泥质沉积，沉积物以石灰质为主；当海平面降低，区域接近海岸，同时接受陆地的泥质和石灰质沉积，沉积物以泥灰质为主，容易形成泥质条带。因此，泥质条带灰岩是研究远古时期海平面升降的有力证据之一。其形成环境以浅—滨海区内的潮汐环境为主。

︿ 泥质条带构造

位于酉阳县酉水河镇红石林国家地质公园，发育于奥陶系宝塔组泥质灰岩。

瘤状构造
(Nodular Structure)

瘤状构造是灰岩中发育的一种沉积构造，主要由瘤体和基质两部分组成。瘤体多呈不规则的透镜状、眼球状、瘤状和扁豆状，大小不等，瘤体多为燧石、砂质结核，基质绕瘤体分布，呈条带状、条纹状，条带的宽窄不一。瘤状灰岩一般认为属于台地边缘下部斜坡带的特有产物，是滑动破碎再经成岩改造成形的。不同学者在不同场合下也将瘤状灰岩称为结核灰岩、压扁结核状灰岩、眼球状灰岩或瘤石灰岩。

∧ 瘤状构造

发育于二叠系栖霞组中的黑色瘤状灰岩中，上图来源于团城幅 1：5 万区域地质调查；下图位于石柱县六塘乡 - 洗新乡乡村级公路。

鲕状构造
(Oolitic Structure)

鲕状构造是灰岩中发育的一种常见的原生沉积构造，也称鲕粒构造，是指在浅水动荡环境下的胶体溶液中，成矿物质以凝胶的方式围绕砂粒或以其他碎屑为核心沉淀而成的鲕粒，其外形呈球形或椭球形，内部具同心圆及放射状构造。鲕粒表面光滑，粒径通常小于 2 毫米，主要指示浅海动荡环境。

∨ 鲕状构造

位于巫山县抱龙镇和笃坪乡境内的桃花铁矿区，发育于泥盆系黄家蹬组赤铁矿矿石。

刀砍纹构造
(Chop Profile Structure)

　　刀砍纹是白云质灰岩或白灰质白云岩节理面受到风化作用而形成的。一般认为方解石比白云石更容易受风化作用的影响，所以会有差异风化作用发生，从而形成刀砍纹。刀砍纹构造是野外地质工作中可用来区分白云岩和灰岩较常见的野外地质现象。

　　需要说明的是，刀砍纹构造是由后期岩石差异风化作用形成的，从定义上看，不属于原生沉积构造范畴，但由于重庆地区分布广泛，从科普角度纳入本次图集。

> **刀砍纹构造**
> 位于彭水县长生镇，发育于寒武系毛田组灰质白云岩。

∨ **刀砍纹构造**
位于云阳县清水乡，发育于三叠系嘉陵江组灰质白云岩。

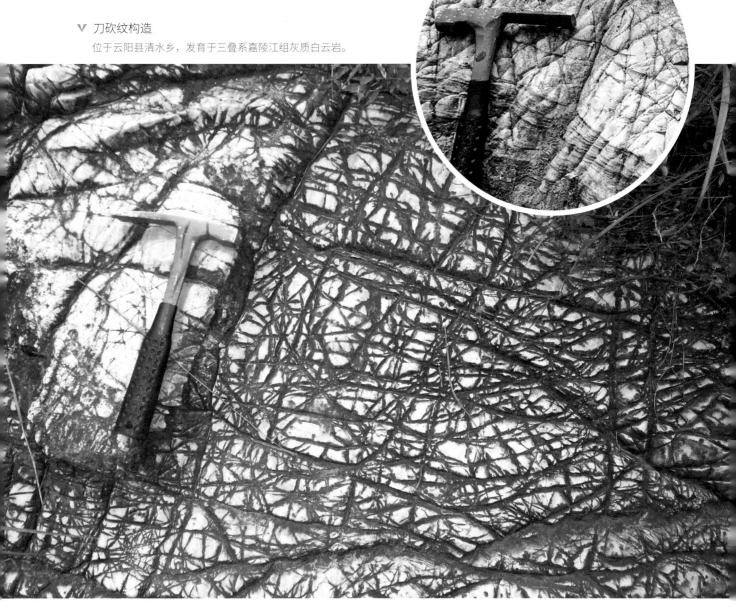

③ / 同生变形构造
Contemporaneous Deformation Structure

同生变形构造又称变形构造，软沉积变形，是指在沉积作用的同时或沉积物固结成岩之前，沉积物处于塑性状态下发生变形所形成的各种构造。如重荷模、砂球和砂枕构造、球状构造、枕状构造、滑塌构造、包卷层理、砂岩岩脉（岩墙）和岩床等。

∧ 包卷层理
位于华蓥山溪口镇，发育于三叠系须家河组砂岩。

包卷层理
(Convolute Bedding)

包卷层理又称包卷构造、卷曲层理，是指在细砂、粉砂沉积物液化过程中，流水施加的剪切力或在斜坡上的重力作用，使沉积地发生滑动，使一个层内的原始层理构造发生复杂的揉皱现象，形成连续分布的开阔向斜和紧密背斜组成的"包卷"状态。

重荷模构造
(Load Cast Structure)

　　重荷模构造也称负载构造、重荷构造等，是指覆盖在泥质岩之上的砂岩底面上的不规则瘤状突起，属于同期变形构造之一。重荷模与槽模的区别在于，重荷模形状不规则、排列杂乱，缺乏对称性和方向性，其大小也不一，可从几毫米到几十厘米。砂质物质陷入下伏泥质物中形成重荷模的同时，下伏的泥质物也呈舌状，火焰状伸入上覆砂质之中形成火焰构造。

∧　重荷模构造

位于云阳县普安乡，发育于侏罗系沙溪庙组二段砂岩底面，瘤状突起不规则，冲刷铸模，据此可判断古水流方向，也可指示沉积方向，即突起部指向底层，凹陷部指向顶层。

滑塌构造
(Slump Structure)

滑塌构造是已沉积的沉积层在重力作用下发生运动和位移所产生的各种同生变形构造的总称。形态与包卷层理相似，也限于一定的层位中，但常伴随有沉积层的变形、揉皱、断裂、角砾化及岩性的混杂。滑塌构造层与上下岩层呈突变接触，常见于快速沉积的三角洲前缘斜坡带，大陆坡带及海底峡谷的前缘部位等沉积环境中。

∧ 滑塌构造

位于城口县箭竹坝，发育于寒武系箭竹坝组深灰薄板状微晶灰岩。均匀微晶灰岩在较陡的沉积坡度条件下往往可产生顺坡向下的重力滑动作用，由于岩层的变形或进一步发展，会变成由许多板片碎块构成的角砾状灰岩。

4 / 生物成因构造
Biogenic Sedimentary Structure

　　由生物的生命活动在沉积物中形成的沉积构造称为生物成因构造。由于生物的生态特征不同，因而在沉积物形成的沉积构造各不相同，其中最常见的包括生物生长构造（如叠层石构造）、生物遗迹构造（如爬行痕迹、虫管构造等）。

爬行痕迹
(Crawling Trace)

爬行痕迹属于生物遗迹构造类型，是动物在沉积物表面爬动（移动）时留下的轨道痕迹，常由连续的线状槽或沟组成，往往有方向性，凹槽表面光滑或有纹饰，形状多样，常见于浅水低能环境中。

︿ 爬行痕迹

　　位于彭水县长生镇，发育于志留系小河坝组泥质粉砂岩。

虫管构造
(Tube Structure)

虫管构造属于生物遗迹构造类型，是一种环节动物栖居的虫管保存而形成的特殊构造形态。虫管为中空的管状体，呈直线形、U字形、旋卷或其他弯曲形状，断面呈圆形、椭圆形、三角形或多边形，表面可具有横脊或纵脊，虫管的方向多样，有平行层面的，也有垂直和斜交层面，广泛分布于重庆地区志留系和侏罗系地层。

∧ 虫管构造

左图位于万州区茨竹乡，发育于侏罗系遂宁组紫红色泥岩，右图位于万州区铁峰乡镇，发育于侏罗系自流井组泥灰岩夹页岩。古生物化石出露点，南北长约600米，可见厚度带厚约30米大量富集于岩层层面，呈绳索状重叠交叉聚集，似交叉盘踞的老树根，甚为壮观。经鉴定，主要为古藻迹和双壳类化石。

叠层石构造
(Stromatolitic Structure)

叠层石构造属于生物生长构造，由蓝绿藻（隐藻）呈层状生长，其细胞分泌黏液质捕陷和黏结沉积质点经碳酸盐化变硬而成。叠层构造形态变化多样，基本形态有层状、波状、柱状及锥状，发育于从潮上到潮下的潮间带。

> 叠层石构造

位于酉阳县宜居乡，发育于寒武系平井组灰岩，叠层石形态呈同心圆状、菜花状。在现今渝东南古生代地层中叠层石分布广泛，其中，重庆酉阳地区的叠层石资源尤为丰富。

生物遗迹构造
(Bioglyph Structure)

生物遗迹构造即在岩石中保存着生物遗体或遗迹化石的构造。生物遗迹构造都是原地形成的并会随沉积物固结成岩而保存下来，不会再被搬运转移，所以生物遗迹构造是判别沉积环境的良好标志。常见的生物遗迹构造主要包括各种硬物质（木质、骨骼、贝壳）、虫孔、足迹等化石。

由于重庆地区的沉积岩地层中化石丰富，类型众多，本书仅对角石化石、硅化木化石、恐龙化石、足迹化石等几类典型的生物遗迹构造进行集中展示，其余类型的古生物化石将在其他专项工作中进行相关科普。

∨ 生物遗迹构造（角石化石沉积）
位于酉阳县酉酬镇江西湾村，发育于奥陶系宝塔组龟裂纹灰岩。

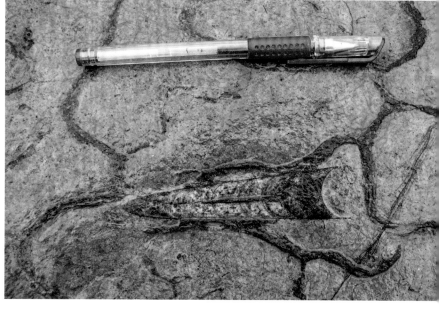

∧ 经凿磨和抛光后的角石化石横切面
摄于黔江正阳街道，产于奥淘系宝塔组泥质灰岩

＞ 生物遗迹构造（硅化木化石遗迹）
位于綦江区文龙街道马桑岩，发育于侏罗系沙溪庙组泥质粉砂岩。

11#木化石

长17.3m，直径1.10m

∧ 生物遗迹构造（恐龙化石沉积）

位于云阳县普安乡，发育于侏罗系沙溪庙组
紫红色泥质粉砂岩。

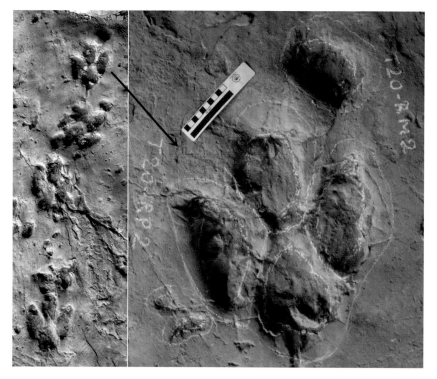

△ 生物遗迹构造（足迹化石）

位于綦江区三角镇红岩村陈家湾后山莲花保寨，发育于白垩系夹关组砂岩。左图为古水鸟足迹，右图为恐龙脚印。

5 / 化学成因构造
Chemical Sedimentary Structure

　　化学成因构造是指沉积时期和沉积期后由结晶、溶解、沉淀等化学作用在沉积层上或沉积物中所形成的沉积构造，其中大多数是在沉积物压实和成岩过程中生成的，属于次生沉积构造。

结核
(Nodule Concretion)

　　结核是指在沉积岩中存在异体包裹物的构造。结核的形状有球状、椭球状、透镜体状、柱状和姜状等，其成分与周围岩石有显著不同。依成分分为硅质、钙质、磷质、铁质结核，形态呈球状、椭球状、透镜体状、不规则状等，其内部构造呈同心圆状、放射状等，大小不一，可从数厘米到数十厘米甚至数米，分布呈层状、顺层的串珠状或零星分布。

∨ 结核构造

位于綦江区北渡，发育于侏罗系沙溪庙组砂岩中，为采石场砂岩中的"球状结核"，直径 20~50 厘米，结核内部呈同心圆状。

缝合线构造
(Stylolite Structure)

　　缝合线构造主要产于碳酸盐岩，有时也出现于石英砂岩、盐岩、硅质岩中，在渝东南地区的灰岩地层中广泛发育，主要表现为横剖面中相邻两个岩层或同一岩层的锯齿状接缝，平面上呈现为参差不平、凹凸不平的面。多数学者认为缝合线的成因可用压溶说来解释，即缝合线是在沉积物或岩石遭受到压力后，发生不均匀的溶解而形成的，故不同时期、不同方向的压力就产生不同类型和不同期次的缝合线。缝合线可用于划分和对比地层、测量层面产状、了解岩石存在和改造环境等。

◁ 缝合线构造
位于丰都县南天湖镇，发育于三叠系大冶组灰岩。

◁ 缝合线构造
位于酉阳县龚滩镇艾坝村，发育于寒武系毛田组灰岩。

鸟眼构造
(Bird Eye Structure)

鸟眼构造是指碳酸盐岩层内，成群出现的被方解石晶体充填，或成微小空洞的一种形似鸟眼的孔洞状构造。孔洞大小一般为几毫米，大致平行，常见的主要有颗粒状、长条状、蠕虫状及不规则状，有些鸟眼构造很微细，只有在显微镜下才能观察到。鸟眼构造主要发育在石灰岩或白云岩中，多与低等藻类的沉积作用有关，多形成于潮汐环境。

∧ 鸟眼构造
位于梁平区铁门乡，发育于二叠系巴东组底部的白云质灰岩。

参考文献

[1] 朱志澄. 构造地质学[M]. 武汉：中国地质大学出版社，1999.

[2] 黎力，刘安云，袁兴平，等. 重庆市构造纲要图说明书[Z]. 重庆：重庆市地质矿产勘查开发总公司，2002.

[3] 陈建强，周洪瑞，王训练. 沉积学及古地理学教程[M]. 北京：地质出版社，2004.

[4] 赵俊明. 周口店野外实践教学基地经典地质现象图册[M]. 武汉：中国地质大学出版社，2011.

[5] 解国爱，贾东，张庆龙，等. 川东侏罗山式褶皱构造带的物理模拟研究[J]. 地质学报，2013，87（6）：773-788.

[6] 刘荞菲. 瘤状灰岩的分类及成因研究[J]. 四川有色金属，2015（2）：26—28，39.

[7] 漆家福，陈书平. 构造地质学：富媒体[M]. 北京：石油工业出版社，2017.

[8] 刘永江，刘正宏，徐仲元，等. 地质构造形迹识别鉴定手册[M]. 北京：地质出版社，2020.